在内心坍塌之前

找到

心灵

�前

的出口

孙郡锴 /编著

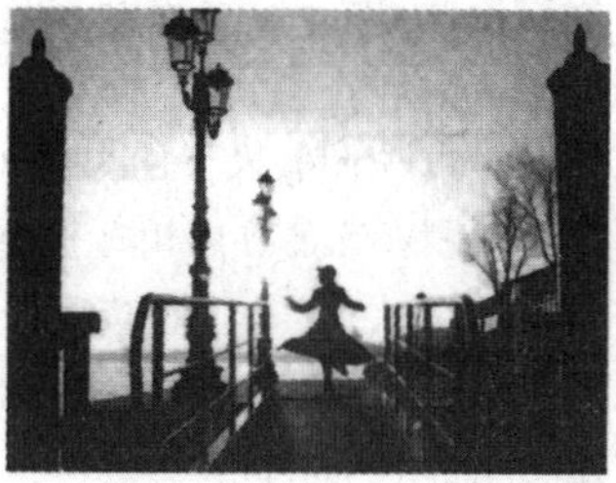

中国华侨出版社

图书在版编目（CIP）数据

在内心坍塌之前，找到心灵的出口 ／ 孙郡锴编著．—北京：中国华侨出版社，2015.10 （2021.4重印）

ISBN 978-7-5113-5609-3

Ⅰ．①在… Ⅱ．①孙… Ⅲ．①成功心理－通俗读物 Ⅳ．①B848.4-49

中国版本图书馆CIP数据核字（2015）第185558号

● 在内心坍塌之前，找到心灵的出口

编　　著／孙郡锴
责任编辑／文　喆
封面设计／天之赋工作室
经　　销／新华书店
开　　本／710毫米×1000毫米　1/16　印张18　字数223千字
印　　刷／三河市嵩川印刷有限公司
版　　次／2015年10月第1版　2021年4月第2次印刷
书　　号／ISBN 978-7-5113-5609-3
定　　价／48.00元

中国华侨出版社　　北京朝阳区静安里26号通成达厦3层　　邮编100028
法律顾问：陈鹰律师事务所
编辑部：（010）64443056　　64443979
发行部：（010）64443051　传真：64439708
网　址：www.oveaschin.com
e-mail：oveaschin@sina.com

自我存在感缺失，情绪低落、自卑、忧郁、浮躁、冷漠……各种负面情绪让人越来越觉得"心累"，累积在心内就成了"心毒"，影响生活、影响工作、影响人际交往……影响人生的方方面面，包括人体的健康，令我们陷入诸事不顺的恶性循环中。

诚然，现代社会与以往的任何时期都大有不同，所以现代人有现代人的心理，有现代人看待事物的独特视角。然而，不管这世界怎样变化，心灵还是应该遵循正确的轨迹健康生长的。而我们最大的问题就在于，在五光十色的嘈杂世界中，我们已经无法分辨心灵发出的声音，进而无法觉察该与不该，无法分辨善恶美丑。

糟糕的心灵注定了糟糕的人生。就算你一表人才、相貌堂堂，就算你天生丽质、婀娜多姿，但是，如果没有一颗健康善良的心灵，你照样是一个病人，而且病得不轻。

所以，我们必须要自救！对于自己的心灵，我们要足够客观地去了解，我们应该让自己站在一旁，像局外人一样来评估自己，分析心灵的优点和缺点。然后有针对性地将心灵中积存的毒素逐渐清除，从而为自己营造一个平和的心态，让自己平和、平静、真诚善良。

在这种心态里，应该没有过多的浮躁、也没有过多的忧郁，没有过多的偏执、也没有过多的谨慎，没有过多的兴奋、也没有过多的悲观，没有过多的狂妄、也没有过多的自卑……一切都应该恰到好处。就像太极图一样，浑然一体。一旦拥有了这样的心态，我们心灵的巨大潜能就会被释放出来，我们就能静时如止水，动时如奔洪，既能应对人生的一切艰难险阻，也能承受人生的一切苦辣酸甜，不悲不怖，宠辱不惊。

本书在用丰富的人生经验来提醒你，在用朴实厚重的道理来开导你，劝告你一定要成为一个拥有健康心灵的人。因为心灵才是唯一属于你自己的，当然，你可以把它变成天堂，也可以把它变成地狱。

请学会和我们的心灵对话，了解自己的心，清走那些不该存放的，装着那些该保留的。让情感各得其位，在自己的路线上行驶，让我们的心也如顺畅的交通环境一样，不再拥挤。别让我们的心太拥挤了，适时地卸掉心里的包袱，让我们的心有更大的空间来盛装快乐和美好。

目 录
CONTENTS

1. 轻飘飘的世界，轻飘飘的我

危险指数：★★

无论什么原因，把自己交给外部世界，交给别人，就是被动的人生。结果一定是：当外部世界摇摆、动荡时，我们也会被动地跟着摇摆、动荡。

2. 虚荣的巨影

危险指数：★★

有些人的虚荣心，比为了保全生命所必需的分量更多，对于这种人，虚荣心所起的作用何等恶劣！这些人竭力使别人不愉快，想借此引起别人的钦佩，他们设法要出人头地，结果反而更不如人。

3. 忌妒的荼毒

危险指数：★★★

忌妒的产生，在明白无误地告诉一个人：别人比你强，你的处境已经很危险，你如果再不做出努力的话，你会失去很多东西，甚至会失去你的生命。

4. 逆流的鱼，是天生的命运

危险指数：★★★

命运有它的神秘的权杖，它可使用它的权杖，打击我们的精神生活。如果你的精神世界只种下了一棵软弱的芦草，就让它枯萎吧。

5. 越爱越孤独

危险指数：★ ★ ★

真正的爱情之路并不平坦。爱情只有当它自由自在时，才会叶茂花繁。认为爱情是某种义务的思想，只能置爱情于死地。

6. 受到惊吓的小孩

危险指数：★★★

许多天才因缺乏勇气而在这世界消失。每天，默默无闻的人们被送入坟墓，他们由于胆怯，从未尝试着努力。对什么都胆怯的人，永远没有笑容。

7. 低垂的头，弯曲的躯

危险指数：★★★★

自卑往往伴随着怠惰，往往是为了替自己在有限目的的恶俗气氛中苟活下去在作辩解。这样一种"谦逊"是一文不值的。

8. 屈服的羔羊

危险指数：★★★★

　　卑怯的人，即使有万丈怒火，除弱草之外又能烧掉什么呢？屈服是心灵的贫困，使生命脆弱到难以掌握。谁不能主宰自己，他就永远是一个奴隶。

9. 超出理智的情绪

危险指数★★★★

人类的美不仅仅体现在外表，还体现在我们的修养上。如果你始终无法克制自己的坏脾气，它很有可能在你人生最关键的时候给你带来毁灭性的影响。

10. 我们囚禁了自己

危险指数：★★★★★

一个人承受不了那么多，在生命余下的日子里，有梦就去寻，有爱就去追，不要将自己封锁在心灵的窗棂内，最后让你与世界的距离彻底吞噬你的笑容。

11. 焦虑、忧郁、偏执，我的世界就要崩塌

危险指数：★★★★★

焦虑、忧郁、偏执越来越多负面情绪在心中不断累积，影响生活、影响工作、影响人际交往影响人生的方方面面，令我们陷入诸事不顺的恶性循环中。我们的精神世界就要崩塌！

12. 我心寒凉

> **危险指数**：★ ★ ★ ★ ★
>
> 一个人所处的最荒谬的——也是悲剧性的——处境就是：当他最需要良知的时候，良知却最软弱。它因为各种原因始终不肯出现。

1

轻飘飘的世界，轻飘飘的我

危险指数：★★

无论什么原因，把自己交给外部世界，交给别人，就是被动的人生。结果一定是：当外部世界摇摆、动荡时，我们也会被动地跟着摇摆、动荡。

迷失在别人的世界里

"我好像没有什么特别的兴趣，也没什么特长，怎么办？"

"我大学的专业是老师帮选的，工作是父母给找的，现在的岗位是公司领导给安排的，一路走来还算顺利，可总觉得缺点什么，缺什么呢？我也不知道。"

"我从小是个乖乖女，家境优越，父母对我没什么过高的期望，希望我有份稳定的工作，有个幸福的家庭就好了，所以大学毕业后我选择了考公务员，进了工商局。小姐妹都挺羡慕我的生活的，可我不知道为什么越来越不想去上班，我感到压抑、烦闷。我是不是该换份工作？可除了帮领导写材料，我似乎什么都不会，我该怎么办？"

生活中，这样的人比比皆是，他们总带着迷茫而焦急的眼神对周围人讲述自己的故事，自己的困惑，自己的无助。他们都有一个共同点：迷失在别人的世界里。他们走在别人为自己铺设的道路上，只顾欣赏路边的风景，而忽略了内在自我探索和体验，忘记了为什么出发，以及要到哪里去，最终迷失了自己的人生方向，找不到存在感。归根结底，是自我探索的功课没有做好。

有类似问题的人，无论家境如何，往往都有一个共同点：有一对非常疼爱自己的父母。他们总想把最好的留给孩子，小到美食，大到财产，而吃苦受累的事情自己扛。他们说得最多的一句话就是：你只管好好读书，其他的不用你操心，我们会替你安排好的。于是，该他操的心就这样被父母给夺走了，几个人生的重大决策就这么被决定了。殊不知，"心"得自己操，心只有在操的过程中才能变得强大、变得成熟。这样的人进入成年期后，往往会碰到诸多的问题，比如，人际关系障碍、情绪成熟度低、职业倦怠、职业价值感缺失，等等。驰骋职场的人都知道，人在职场很多时候靠的不是智商，而是情商，或者叫"心力"。一个内心强大的人，才有能力把控自己的人生，才有能力活出自己的精彩。

在网络上看到某人写的一个小故事：

高考那年，我考上了北大一个自己不喜欢的专业。读了一个月，了解到学校没有什么转专业的机会之后，我决定退学。退学手续复杂，需要到学校各科室盖章。然后在每一个科室，我听到了同样的声音："这里是北大！你傻了吗？"只有最后一个科室的老师对我说："别读了，回去吧。"

第二年，我考上复旦大学，辗转转到自己喜欢的工商管理系。我想，离开北大是我此生最正确的决定。我想说的是：当你作出一个不寻常的决定时，这个世界只会给你各种反对的声音，你需要做的就是直面自己，无视他们。

是的，你需要做的是你自己，你可以参考别人的意见，但不要把它作为命令。

美国成功学大师马尔登讲过这样一个故事：在富兰克林·罗斯福当政期间，我为他太太的一位朋友动过一次手术。罗斯福夫人邀请我到华盛顿的白宫去。我在那里过了一夜，据说隔壁就是林肯总统曾经睡过的地方。我感到非常荣幸。岂止荣幸？简直受宠若惊。那天夜里我一直没睡。我用白宫的文具纸张写信给我的母亲、给我的朋友，甚至还给我的一些冤家。

"麦克斯，"我在心里对自己说，"你来到这里了。"

早晨，我下楼用早餐，罗斯福总统夫人是那里的女主人，她是一位可爱的美人，她的眼中露着特别迷人的神色。我吃着盘中的炒蛋，接着又来了满满一托盘的鲑鱼。我几乎什么都吃，但对鲑鱼一向讨厌。我畏惧地对着那些鲑鱼发呆。

罗斯福夫人向我微微笑了一下。"富兰克林喜欢吃鲑鱼。"她说，指着总统先生。

我考虑了一下。"我何人耶？"我心里想，"竟敢拒吃鲑鱼？总统既然觉得很好吃，我就不能觉得很好吃吗？"

于是，我切了鲑鱼，将它们与炒蛋一道吃了下去。结果，那天午后我一直感到不舒服，直到晚上，仍然感到要呕吐。

我说这个故事有什么意义？

很简单。

我没有接受自己的意见。

我并不想吃鲑鱼，也不必去吃。为了表示敬意，我勉强效颦了总统。我背叛了自己，站在了不属于自己的位置上。那是一次小小的背叛，它的恶果很小，没有多久就消失了。

这件事指出走向成功之道最常碰到的陷阱之一。记着这句话：你的最可靠的指针，是接受你自己的意见。

当一个人内心能量不足时，必然会想办法从外部获取能量。他们非常在意他人的评价，渴望得到他人的认可。于是，他们的情绪被他人左右着，他们的幸福指数被他人影响着，他们的人生被别人设计着。为了得到他人的认可，他们努力成为别人希望的样子，最后迷失在别人的眼睛里。

一千个读者就有一千个哈姆雷特，一千双眼睛就有一千个你，他们让你不知如何是好，这是因为太多的评价牵绊了你的脚步，结果邯郸学步，失去了自我。

从外部世界召回自己，把自己交给自己，让自己塑造自己！脱掉别人装扮我们的服饰，选择自己真正喜欢的服装穿上，打扮、修饰自己；彻底清除内在心房里搁置的别人的物件，重新放入自己热爱的物件；把自己这团雕刻的泥土打碎，重新加入水和泥土搅拌成新的形状，用自己的手亲自雕刻一次。我们需要的是忠诚于自己的追求和向往，塑造一个完全真实的自己！

为了别人，改变了最初的自己

古时候，有个人在洛阳一带做官，一辈子没有得到晋升的机会，到了年老鬓白之时忍不住大哭起来，有人问他："为什么要哭呢？"他说："我一生为官都不得晋升，现已年迈，再没有机会了，因此伤心落泪。"那人又问："为什么你一直都得不到晋升呢？"他回答说："我少年时苦读经史，后来文才具备，试图求官，不料君王却喜欢任用老年人。这个君王死后，继位的君王又喜欢任用武士，我改学武艺，谁知武功刚学成，好武的君王又死去了。现在新立的君王开始执政，又喜欢任用年轻人，而我的年龄已经老了，所以终生不曾得到一次机会。"

一味地迎合别人而改变自己，使得这个人终生一事无成，其失败的经历和惨痛的教训足以让我们引以为鉴。然而很多人依然在做着相同的蠢事。

薛洋一心一意想升官发财，可是从青春年少熬到斑斑白发，却还只是个小科员。他为此极不快乐，每次想起来就掉泪。有一天下班了，他心情不好没有着急回家，想想自己毫无成就的一生，越发伤心，竟然在办公室里号啕大哭起来。

这让同样没有下班回家的一位同事小李慌了手脚，小李大学毕业，刚刚调到这里工作，人很热心。他见薛洋伤心的样子，觉得很奇怪，便问他到底为什么难过。

薛洋说："我怎么不难过？年轻的时候，我的上司爱好文学，我便学着做诗、写文章，想不到刚觉得有点小成绩了，却又换了一位爱好科学的上司。我赶紧又改学数学、研究物理，不料上司嫌我学历太浅，不够老成，还是不重用我。后来换了现在这位上司，我自认文武兼备，人也老成了，谁知上司又喜欢青年才俊，我……我眼看年龄渐高，就要退休了，一事无成，怎么不难过？"

如果可以，谁都希望给所遇到的每一个人都留下良好印象，但是，没有必要为了迎合别人的口味，而放弃自己的理想、原则、追求和个性。否则，将是人生中最大的悲哀。

我们每一个人，都拥有一个独一无二的、由遗传基因预先决定的"本来的自己"。但是在现实生活中由于各种原因，那个"本来的自己"通常并不能按照自己的生活方式生活，而是过着牺牲"本来的自己"的生活方式来附和或满足周围的人。这种生活方式是苦不堪言且索然无味的，因为当你花了太多时间专注于他人对你的看法，你最终会忘记你到底是谁。丧失自我是悲哀的，一个人若失去了自我，就没有了做人的尊严，无法获得别人的尊重。

所以不要害怕他人的评判，你的心里很清楚你是谁，哪些才是你真实的一面。你没有必要为了取悦他人而活着。

蜚声世界影坛的意大利著名电影明星索菲亚·罗兰能够成为令世人瞩目的超级影星，是和她对自己价值的肯定以及她的自信心分不开的。

为了生存，以及对电影事业的热爱，16岁的罗兰来到了罗马，想在这里涉足电影界。没想到，第一次试镜就失败了，所有的摄影师都说她够不上美人标准，都抱怨她的鼻子和臀部。没办法，导演卡洛·庞蒂只好把她叫到办公室，建议她把臀部削减一点儿，把鼻子缩短一点儿。一般情况下，许多演员都对导演言听计从。可是，小小年纪的罗兰却非常有勇气和主见，拒绝了对方的要求。她说："我当然懂得因为我的外形跟已经成名的那些女演员颇有不同，她们都相貌出众，五官端正，而我却不是这样。我的脸毛病太多，但这些毛病加在一起反而会更有魅力呢。如果我的鼻子上有一个肿块，我会毫不犹豫把它除掉。但是，说我的鼻子太长，那是毫无道理的，因为我知道，鼻子是脸的主要部分，它使脸具有特点。我喜欢我的鼻子和脸的本来的样子。说实在的，我的脸确实与众不同，但是我为什么要长得跟别人一样呢？"

"我要保持我的本色，我什么也不愿改变。"

"我愿意保持我的本来面目。"

正是由于罗兰的坚持，使导演卡洛·庞蒂重新审视，并真正认识了索菲亚·罗兰，开始了解她并且欣赏她。

罗兰没有对摄影师们的话言听计从，没有为迎合别人而放弃自己的个性，没有因为别人而丧失信心，所以她才得以在电影中充分展示她的与众不同的美。而且，她的独特外貌和热情、开朗、奔放的气质开始得到人们的承认。后来，她主演的《两妇人》获得巨大成功，并因此而荣获奥斯卡最佳女演员金像奖。

一个人的主见往往代表了一个人的个性，一个为了迎合别人而抹杀自己个性的人，就如同一只电灯泡里面的保险丝烧断了一样，再也没有发亮的机会。无论如何，你要保持自己的本色，坚持做你自己。

在这个世界上，总会有人说你好，也会有人说你不好。让每一个人都说你好是不可能的，也是没有必要的。讨好每一个人，等于得罪每一个人。刻意去讨好别人，只会使别人产生厌恶的感觉。有时间讨好，不如踏踏实实做事，讨好别人总是靠不住，自己努力才实实在在。

只要我们做人做事问心无愧，就不必执着于他人的评判。无须看别人的眼神，不必一味讨好别人，那样会使自己活得更累。当有人对你说不敬的言语，请不要在意，更不要因此而烦恼。因为这些言语改变不了事实，却可能搅乱你的心。心如果乱了，一切就都乱了。

戴着面具的脸

如果你总是戴着面具面对世界，总有一天面具下会是一具空壳。

有些人可能习惯了戴着面具生活，他们煞费苦心地掩盖自己的某些不足和缺陷、身世和背景，或是将自己置身于一个虚幻的境界之中，这是非常无知和自卑的。这些人企图以一个十全十美、无所不能的形象出现在别人面前，以此来博得大家的爱戴和尊敬，殊不知，这样做是徒劳无益的，到头来反而还会使自己落到非常尴尬的境地。因为假的、虚的东西，总是非常短命的，就像海市蜃楼再壮观总会消失一样，虚伪就如同大雪覆盖下的荒原，春天到来，冰雪融化，贫瘠、荒凉的面貌就会暴露无遗。

有一位女子，出身一个平常的家庭，做一份平常的工作，嫁了一个平常的丈夫，有一个平常的家，总之，她十分平常。

忽然有一天，报纸大张旗鼓地招聘一名特型演员，演王妃。

她的一位好心朋友替她寄去了一张应聘照片，没想到，这个平常女子从此开始了她的"王妃"生涯。

太艰难了，她阅读了大量的关于王妃的书籍，她细心揣摩王妃的每一缕心事，她一再地重复王妃的一言一行、一颦一笑……

不像，不像，这不像，那也不像！导演、摄影师无比挑剔，一次又一次让她重来……

现在，女子已能驾轻就熟地扮演"王妃"了，进入角色已无须费多少时间。糟糕的是，现在她想要回到那个平常的自己却非常困难，有时要整整折腾一个晚上。每天早晨醒来，她必须一再提醒自己"我是××"，以防止毫无理由地对人颐指气使；在与善良的丈夫和活泼的女儿相处时，她必须一再地告诉自己"我是××"，以避免莫名其妙地对他们喜怒无常。

女子深有感触地对人说："一个享受过优厚待遇和至高尊崇的人，回复平常实在太难了。"

说这话时，她仍然像个"王妃"。

所谓假作真时真亦假，许多人都是这样被"戏装"异化了，以至于曲终人散后，还卸不下妆来，也找不到自己。蓦然回首，那些希冀着的，仍需希冀，那些渴盼着的，仍需渴盼。唯独改变了的是自己的本性。扪心自问："我是否在意过自己最真实的内心世界？尊重过自己的本性？"心真的会告诉我们那个最真实的答案。

他是个上了年纪的补鞋匠，铺子开在城市偏僻的角落里。有个作家拿着鞋子去请他修补，他抬了抬头，说："我没空。拿去给大街上的那个家伙吧，他会立刻替你修好的。"

可是，作家早就看中了他的铺子。只要看他工作台上放满了皮块和工具就知道，他是个巧手的鞋匠。

"不，"作家回答说，"那个家伙一定会把我的鞋子弄坏的。"

"那个家伙"，是指替人即时钉鞋跟和配钥匙的人，"他们根本不大懂得修补鞋子或配钥匙。他们工作马虎，替你缝一回便鞋的带子后，你倒不如把鞋子干脆丢掉。"

鞋匠见了作家的态度，笑了起来。他把双手放在蓝布围裙上擦了一擦，看了看鞋子，然后叫作家用粉笔在一只鞋底上写下自己的名字，说道："一个星期后来取。"

作家将要转身离去时，他从架子上拿下一只极好的软皮靴子，得意地说："看到我的本领了吗？连我在内，市里只有三个人能有这种手艺。"

作家走出了店门，走上大街，觉得好像走进了一个簇新的世界。有一瞬间他甚至觉得，那个老鞋匠仿佛是古代传说的世外高人——他说话不拘小节，脾气有些古怪，最特别的是，他并不对于自己的身份感到惭愧，而是对自己的技艺深感自豪。他，活得很洒脱，也很真实。

很多人都在自己的朋友圈里晒房子、晒车、晒名表，等等，以此来彰显自己的财富和身份，甚至有些人本身并不具备这样的能力，也要借着别人的房子、站在别人的车前、戴着别人的手表来"装"一下，不知道他们会不会觉得自己活得很累。如果这个老鞋匠也有微博的话，想必他晒的一定是自己的手艺吧。

一个人，无论他现在做着什么样的工作，过着怎样的生活，只要他尽心尽力，忠于职守，除了保持自尊之外别无他求，那么，他就是活得真实而高贵的。

人，活着不是装给别人看的，不是为别人的观念而活着的。每个人都有每个人的活法，为什么要让别人肯定，自己心里才会舒服呢？莫不如活得真实一些，也许我们身上穿的不是金缕玉衣，戴的不是翡翠玉石，但我们的内心深处，同样可以拥有一种坦然，一种摆脱一切伪装的自在。

我们要活得真实一些，去面对现实，面对理想与现实之间的差距，只有这样，我们才会稳下心来，为自己的理想与生活去打拼，才能展现出我们自己真正的实力；也只有这样，我们的腰杆才能直直地挺起，才不会在朋友面前谈到自己时，心里发虚。

我把自己丢在了爱情里

　　豆蔻年华的莎莎，在对爱情充满了浪漫幻想的时候，爱情不期而至。技校毕业后，她来到一家公司做打字员，与本公司的一个部门经理互生爱慕之情。他比她大 8 岁，他时常像个大哥哥一样照顾她，无论是在生活上还是工作上。随着时光的流逝，他那一腔的柔情蜜意使单纯的她很快便迷失了自己，觉得再也离不开他了，于是他们同居了。

　　最初的日子可以说是甜蜜的，莎莎将自己的一切毫无保留地奉献给了他，她的爱、她的时间、她的青春……每天除了上班，她的时间都用在做家务上，收拾他们的小巢，为他洗衣服，做好美味等他品尝。这样的日子过了两个月，他渐渐变了，待她察觉到他的变化时，他们之间全没了最初的和谐和挚爱。他不再像从前那样疼爱她，照顾她，反而在家里成了"甩手大爷"，心安理得地享受着莎莎的细心侍候，甚至连换液化气罐、修抽水马桶这样的事都由莎莎包揽了。承包全部的家务活还不算是最痛苦的，最让她伤心的是他的自私和冷漠。很多时候，下了班他不是马上回家，而是和许多朋友去喝酒、玩牌、跳舞，全然不顾莎莎在家做好了饭，正眼巴巴地盼着他回家。每次还都深夜才归，回来就倒头大睡，对还没吃、没睡的莎莎连句道歉的话都没有，可如果莎莎偶尔有个应酬，回家晚了，他便摔杯子砸碗。慢慢地，莎莎的心凉到了极点，他们之间几乎没有了沟通，莎莎的生活开始失去了阳光，变得忧郁、消沉起来。

莎莎曾几次收拾好了行李想离开这个无爱的窝，离开这个冷漠的人，可是拎起包又没有走的勇气。当初为了和他在一起，她已经和家里闹翻了，父母已经不再认她这个女儿了，她觉得自己没有脸面再回到父母身边了。可是留在这里呢？她和他在一起像夫妻又不是夫妻，像恋人却没有恋人间的亲密，像朋友却没有朋友间的真诚。莎莎对自己的未来感到越来越迷惘了，本该朝气蓬勃的她脸上却布满了怨愤和无奈，使她看上去好像已历尽了人世的沧桑。

莎莎的悲剧就在于她在爱情中迷失了自己，她每天生活的主要内容就是围着所爱的人转，完全丧失了自我。她爱得不够成熟，不够理智，她不是在爱中丰富自己，充实自己。一个人如果不能在爱中保持完整的自我，充分体现自我存在的价值，那么这样的爱情就无法持久，就没有生命力，当爱情遇到挫折时，也无法去坚强面对打击。

生活中有很多像莎莎这样的女子，她们在爱对方的同时失去了自我，将对方看作自己生活的全部，将得到对方的爱看成是自己生活的唯一支柱。可悲的是，你的爱对他来说，反而是一种压力，他会因此从你身边逃开，因此，无论你有多爱对方，都务必要在爱中坚守一个独立、完整、崭新的自我，这样你才能够品尝到爱情的甜蜜。

过不去的"心理哺乳期"

张浩以优异的成绩考入美国一所著名大学。初来乍到，人生地疏，思乡心切，饮食又不习惯，不久便病倒了。为了治病，张浩花了不少钱，他的生活渐渐地陷入了窘境。

病好以后，他来到当地一家中国餐馆打工，每个小时会有8美元的收入，但仅仅干了两天，他就嫌累辞了。一个学期下来，身上的钱已然所剩无几，于是趁着放假，便退学回了家。

现如今，他已经年近三十，这在中国来说是而立之年，家庭和事业都应该趋于稳定了，但他还是像一个没有长大的孩子，没有一份稳定的工作。整日沉迷在网络中打发时间。没钱的时候，他就开始向父母和弟弟、女友要钱，于是女友分手了，父母不想再管了，弟弟只能在电话里"嘱咐"哥哥，然后不断地给哥哥寄生活费。他只要能够找到一座靠山，时刻得到别人的温情就心满意足了。这种活法使他越来越懒惰、脆弱，缺乏自主性和创造性。由于处处委曲求全，他产生了越来越多的压抑感，这种压抑感阻止着他为自己干点什么或有什么个人爱好。他反复地责怪父母没钱，没能让他成为富二代。

为什么一个当初学习成绩如此优异的人会变成这个样子？通常的情况下，人们会说这个人从小被宠坏了，没有自立性。从心理学的角度上说，这个人其实是患上了依赖型人格障碍。

依赖型人格障碍是一种最常见的人格障碍，它是一切人格障碍的基础和雏形。依赖型人格障碍的主要成因是，童年早期的依赖需求没有得到足够的满足，从而导致成年期的心理固着在"口欲期"，以至于使一个人的"心理哺乳期"不断延长，有的人甚至处于"终生心理哺乳"状态。依赖型的人常常被别人称为"长不大""幼稚"等。

首先，他们中的有些人从小生活在一个家长包办的环境中，父母把本该由孩子决定的事揽过来自己承担，待到孩子长大成人之后，就会具备"知觉型"特点，也就是更善于认知和学习，而不是作决定和判断，这样的人往往优柔寡断、依赖性强，虽然聪明却不善于解决实际问题。

另一种情况是，那些作不了决定的人往往有一种不现实的完美主义渴望，企图把握所有的因素。这让他们变得"前怕狼，后怕虎"，担心在某一个环节上出了差错，或是让身边的人不够满意。而一旦他们做出了计划，也总会把能想到的所有情况都包括进去，最终却由于缺乏创造性，反而失败了。

还有一种情况，有的人本来完全可以作决定的，但由于害怕承担责任而放弃了这一权利。他们把决定权交给别人的方式好像在说："你帮帮我吧，我乐得悠闲。"

依赖心理其实每个人都有，人是群居性动物，完全失去对他人的依赖根本不能存活。但过分的依赖只能导致病态。人若一直依赖拐杖走路，就会忘记双腿应有的功能，离开拐杖，便不会行走了。

依赖是将自我彻底埋没，在经营人生的过程中，它是一场削价行为。生命之本在于自立自强，人格独立方能使生命之树常青。依赖他人而活，就算一时能博得个锦衣玉食，也不会高枕无忧，一旦这个宿主倒下，你的人生就会随之轰然倒塌。

在这个充满竞争的时代中，我们应该更多地丰盈自己的武器库，装满生存技能，才不至于一败涂地。所以，不要一直幻想着天降贵人，自己才是一切问题的关键，在时间无情的流逝里，我们所能保留、能永恒的莫过于自己。

浑浑噩噩橡皮人

吴力今年刚刚三十出头，研究生毕业以后就留在了学校办公室工作。刚参加工作那会儿，吴力志存高远，激情饱满，任劳任怨。办公室的人员少，工作重，写讲话、写总结、写汇报、写信、上报材料、督促检查等，还要完成领导交办的任务，包括跑腿打杂、安排吃饭、跟班出差服务等，为了尽可能地完成工作，常常是大家都下班了，吴力还在办公室加班，忙得太晚就躺在办公室的沙发上睡一夜。那时的他虽然辛苦，但很充实，梦想是那么地清晰。

一晃7年过去了，吴力还守在原岗位上，没有得到提拔，而他，也不再像当初那样激情饱满，拼命工作了。"我只是被职场潜规则同化了。大家都是这样，多数都是做一天和尚撞一天钟。你如果拼命干，一方面显得另类，另一方面人家说你急着表现和想提拔，落了这个名声却又不能得到提拔，得不偿失。"

现在，吴力机械地上班、下班，"两点一线"。没有了以往的斗志，随遇而安，梦想对他来说已经"一钱不值"了。

很多人都像吴力这样，随着成长而丧失梦想和勇气。他们考虑得越多，胆子就变得越小，于是学会了假装没看见、装作没听到，于是有些事情能过得去就不去争取，有些事情即便不愿意也会说可以，有些事情即便能够也不尽全力……他们变得越来越麻木，当察觉之时，心灵似乎已经停止了生长。

于是他们从此激情不再，没有神经，没有痛感，没有效率，没有反应。整个人就犹如橡皮一样，不接受任何新生事物和意见、对批评或表扬无所谓、没有耻辱感，也没有荣誉感。不论别人怎样拉扯，他们都可以逆来顺受，虽然活着，但活得没有一点脾气。

如果没有外力的挤压，他们就会懒懒地堆在那里，一定要有人用力地拉着、扯着、管着、监督着，他们才能表现出那么一点张力，而一旦刺激消失，他们瞬间便又恢复了原样。

他们往往都是麻木冷漠，没有快乐，耗尽心力却不见成绩，人生，不但疲惫，更显悲伤。

这就是"橡皮人"，无处不在！或许就在你身边，或许你本身业已染上了这种怪病。以女性为例，当下，很多女性都在呐喊着要嫁有钱人，她们为何会觉得金钱第一？这本身就是一种"橡皮人"病症。

或许曾经的她们，大学毕业以后也是美梦如花，她们找了一份不错的工作，很投入，也有了一些成绩。但两三年之后，升职的却是刚来公司不久的新人，据说那人与老板的关系非比寻常，于是她们忍不住感叹"能力终究败给了潜规则"！这时她们又发现，当年那些成绩不如自己的同学，有的风光升职，有的体面嫁人，于是便越发感觉自己内心中的清高和坚持一文不值，如果这时再有一个"钻石王老五"向她示爱，只要这个男人没有被毁过容，也没有什么疾病，那么她们多半是会接受的。然后她们还要为自己辩词：这个时代，生活是荒谬的，做梦是奢侈的，激情是短暂的，麻木是必然的。虽然这更像是此地无银的遮羞，但从字里行间我们也不难看出个中的无奈与不甘，她们也试图让自己重新产生一点梦想、感觉、激情，但在大多数时候，却无能为力……

那么，"橡皮人"如何才能从病态中解脱出来？还是要自救！

诚然，这个时代，高房价、低就业的压力，人际关系的疏离……的确让人感到无可奈何，这是一个社会化的问题，对于大环境我们无能为力，但这并不意味着我们就只能变得更加无为和消极。

提三点建议：

1. 重新设定人生目标，学会调整心态，以现在为起点，向着心中的目标走过去；

2. 重新认识自己，积极把握机会，去挖掘自己的优势和潜力；

3. 认清现状后，尝试改变和创新，寻找新的方向和位置。

其实人的生命是这样的——你将它闲置，它就会越发懒散，巴不得永远安息才好；你充分调动它，它就不会消极怠工，即使你将他调动至极限，它亦不会拒绝；尤其是在你将人生目标放在它面前时，不必你去提醒，它便会极力地去表现自己。所以，如果你还想活得有活力、活得滋润一些，那么无论如何请记住，永远别让心中的美梦间断，要将自己的生命力激发到极限，而不是刚刚成年，便已饱经沧桑。

2

虚荣的巨影

危险指数：★★

有些人的虚荣心，比为了保全生命所必需的分量更多，对于这种人，虚荣心所起的作用何等恶劣！这些人竭力使别人不愉快，想借此引起别人的钦佩，他们设法要出人头地，结果反而更不如人。

虚荣是个美丽的泡沫

王薇总是喜欢在别人面前炫耀自己的父母，因为她的父亲是企业家，母亲是公务员，所以她觉得很光荣，不管是什么时候，在什么地点，都会将自己的父母挂在嘴边。进入大学以后，她也觉得自己和别人不一样，但是事实却打破了她的幻想，没有人在意她的身份，更没有人因为她的父母而对她猛追热捧。她感到很失望，心里开始不平衡，觉得受到了轻视。而在那些比自己家庭条件还要好的同学面前，她又总是极尽逢迎。

虚荣就像是一场华丽的闹剧，闹剧总有结束的时候，虚荣也总有被看穿的时候。当一个人习惯了虚荣，他会渐渐地忘记真实，从而让自己活在虚荣的面纱下。一旦这层面纱被现实的风吹走，那么他就会不知如何是好。

虚荣像是美丽的泡沫，在阳光下五彩缤纷，但是经不住风儿轻轻一吹，虚荣在真实面前总是很无力，这层面纱轻而易举就会被揭开。虚荣再美丽，也必然会成为一片虚无。虚荣的人努力在人前表现出自己的完美，但却为此付出了高昂的代价，最终产生很多只有自己才知道的酸楚。

　　虚荣的人害怕寂寞，所以才会用表面的"无所谓"来掩盖自己内心的害怕。如果你直接拆穿他们的真实内心，他们会觉得自己没有了依靠，会瞬间崩溃，这就是虚荣面纱下的心灵。虚荣的心灵是苍凉的，他们害怕被人拆穿，希望自己的面具能够戴到永远，但是事实总是很残酷，他们总是成为那个被嘲笑的、光着身子的国王。

　　虚荣不过是一片浮云，早晚要散去。就算它再美，也不可能通得过现实的考核。然而有些人总是不愿面对真实的自己。生命是真实的，无论是鲜活动人抑或面目黯淡，都将最终定格在人生的某一个瞬间，欢喜悲愁与泪水飞逝，成为铭记或淡忘的过去。在这大千世界中，真实的云朵还有可能被飘来的风吹散，更何况那虚荣的表面呢？生命是真实的，容不下过多的虚荣，假如一个人选择了在虚荣中生活，那他这一辈子少不了各种的痛苦和纠结。

　　虚荣往往是成功的绊脚石，在虚荣的面具下，显现的是狰狞的内心世界。一个人的虚荣往往会给身边的人带来伤害。所以，如果你想要实现自己的成功，想要让自己的人生道路变得比较平坦，那么就不要让自己的生活变得狰狞，不要让自己活在虚荣的世界里，让自己变得勇敢一些吧，让自己的真实感动外界，让自己的真实帮助自己成长，帮助自己实现属于自我的快乐。

是什么让生活始终不能如意

张洋和吴倩是大学同学，在学校时是大家公认的金童玉女，毕业后，顺理成章地结成了百年之好。那时，当同学们都在为工作发愁时，张洋就已经直接被推荐到一家公司做设计工程师，吴倩也为此自豪着。

结婚 5 年后，他们有了宝宝，生活步入稳定的轨道，简单平静，幸福。然而，一次同学聚会彻底搅乱了吴倩的心。

那次聚会，男人们都在炫耀着自己的事业，女人们都在攀比着自己的丈夫，站在同学们中间，吴倩猛然发现，原本那么出众的他们如今却显得如此普通，那些曾经学习和姿色都不如自己的女同学都一身名牌，提着昂贵的手提包，仪态万千，风姿绰约。而那些曾经被老公远远甩在后面，不学无术的男同学，现在居然都是一副春风得意的样子。

回家的路上，吴倩一直没有说话，张洋开玩笑说："那个小子，当初还真小看他了，一个打架挂科的小混混，现在居然能混成这样，不过你看他，真的有点小人得志的样子。"

"人家是小人得志，但是人家得志了，你是什么？原地踏步？有什么资格笑话别人？"

张洋察觉出了吴倩的冷嘲热讽，但并未生气："怎么了？后悔了？要是当初跟着他现在也成富婆了，是吗？"

一句话激怒了本就不开心的吴倩："是，我是后悔了，跟着你这个不长进的男人，我才这么处处不如人。"

张洋只当作女人是虚荣心作怪，被今天聚会上那些女同学刺激了，为避免吵起来，便不再作声。

一夜无话，第二天就各自上班了，张洋觉得吴倩也该平复了，不再放在心上，可是此后他却发现，吴倩真的变了，总是时不时地对他讽刺挖苦：

"能在一个公司待那么久，你也太安于现状了吧？"

"干了那么久了，也没什么长进，还不如辞职，出去折腾折腾呢。"

"哎，也不知道现在过的什么日子，想买件像样的衣服，都得寻思半天的价格，谁让咱有个不争气的老公呢！"

在吴倩的不断督促下，张洋终于下决心"折腾折腾"。他买了一辆北京现代，白天上班，晚上拉黑活，以满足吴倩不断膨胀的物质需求。吴倩的脸上也渐渐有了些笑模样。

那天，本来二人约好晚上要去看望吴倩的父亲，可左等右等张洋就是不回来。吴倩正在气头上，收到了张洋发来的信息："对不起，老婆，始终不能让你满意。"女人看着，想着肯定是张洋道歉的短信，她躺着，回想着这些年在一起的生活，想到老公对自己的关心和宽容，想着他们现在的生活，虽然平凡一点，但是也不失幸福，想着自己也许真的被虚荣冲昏了头，想着想着便睡着了。第二天早上，睁开眼的吴倩发现，张洋竟然彻夜未归，她大怒，正准备打电话过去质问，电话铃声却突然响了。

电话那头说他们是交通事故科的，吴倩听着听着，感觉眼前的世界越来越缥缈，她的身体不停地抖着，蜷缩成一团。

原来，那天晚上，张洋拉了一个急着出城的客人，他一般不会出城，但因为对方给的价格太诱人，就答应了，回来的路上，他被一辆货车追尾，最后一刻张洋给吴倩发了一条信息"对不起，老婆，始终不能让你满意"。

太平间里，吴倩的心抽搐着，可是无论多么痛苦，无论多么懊悔，无论多么自责，都已经唤不醒"沉睡"的张洋了。她一遍遍地责问自己："为什么要责骂？为什么要逼迫？为什么不能珍惜眼前所拥有的？为什么要用虚荣为生命埋单？"

这就是虚荣心，是一种被扭曲了的自尊心。虚荣心很难说是一种恶行，然而一切恶行都围绕虚荣心而生，都不过是满足虚荣心的手段。虚荣心理是指一个人借用外在的、表面的或他人的荣光来弥补自己内在的、实质的不足，以赢得别人和社会的注意与尊重。它是一种很复杂的心理现象，与自尊心有极大的关系，但也不能说，虚荣心强的人一般自尊心强。因为自尊心同虚荣心虽有联系，更有区别，虚荣心实际上是一种扭曲了的自尊心。人是需要荣誉的，也该以拥有荣誉而自豪。可是真正的荣誉，应该是真实的，而不是虚假的，应该是经过自己努力获得的，而不是投机取巧取得的。面对荣誉，应该是谦逊谨慎，不断进取，而不是沾沾自喜，忘乎所以。可见，当人对自尊心缺乏正确的认识时，才会让虚荣心缠身。

虚荣心理的危害是显而易见的。其一是妨碍道德品质的优化，不自觉地会有自私、虚伪、欺骗等不良行为表现；其二是盲目自满、故步自封，缺乏自知之明，阻碍进步成长；其三是导致情感的畸变。由于虚荣给人以沉重的心理负担，需求多且高，自身条件和现实生活都不可能使虚荣心得到满足，因此，怨天尤人、愤懑、压抑等负面情感逐渐滋生、积累，最终导致情感的畸变和人格的变态。严重的虚荣心不仅会影响学习、进步和人际关系，而且对人的心理、生理的正常发育，都会造成极大的危害。

客观地说，一个有着正常思维的人，都会有虚荣心，适度的虚荣心可以催人奋进，关键是看你的心态。成熟的人应该让虚荣心成为一种前进的动力，不要让它盲目膨胀，并为此付出惨重代价。

面对物质追求量力而为

看了一篇报道，说某地女同胞，月收入不过 2000~3000 元，可为了在别人面前有"面子"，宁可省吃俭用，攒下大半年的收入去高档专卖店买一个路易·威登的挎包，她可以每天背着这个挎包去挤公交车或走路上下班以省下车钱。甚至有些女人为了在别人面前显示高贵，超出自身承受能力地去买高档服装、化妆品、首饰等奢侈品，为了过上表面奢华、虚荣的生活，不惜傍大款、卖身、啃父母。

虚荣心强的人外强中干，不敢袒露自己的心扉，因此给自己带来了沉重的心理负担。虚荣之心在现实生活中只能满足一时的快感，长时间的虚荣会导致不健康情感因素的滋生。

有些人特别爱面子，喜欢讲排场，即使囊中羞涩也要硬充大款。一旦发迹之后更是极尽奢华之能事，大有千金散尽还复来的派头。这种人根本不可能获得真正的成功。

有许多年轻人每月可以赚很多的钱，但拿到之后总是花个精光，而理由无非是在人前装个样子，这样的人如果不思悔改，将来到了晚年，其景象可能会很凄凉！

很多人脑子里没有节约的意识，花钱如流水一般，胡乱挥霍，这些人似乎从不知道金钱对于他们将来事业上的价值。他们胡乱花钱的目的好像是想让别人说他一声"阔气"，或是让别人感到他们很有钱。当他与女友约会时，即使是在隆冬季节，他也非得买些价格很贵的鲜花不可。

这样的人一旦用钱把脸面撑起来后，一切烦恼苦闷的事情就会接踵而至。为了顾全面子，他们就再也不能过节俭日子了。他们也不会认识到自己已经沦落到什么样的地步了。有些人人不敷出以后，就开始动歪脑筋，甚至挪用公款来弥补自己的财政缺口，久而久之，耗费愈大亏空也就愈多，慢慢地就陷入了罪恶的深渊，难以自拔。到了这时，他才想到自己不该胡乱花费，不该因此干那些违背天理良心的事情，不该挪用公款，可是为时已晚！为了满足这种爱慕虚荣、讲排场的恶习，不知有多少人到头来要挨饿，甚至有很多人因此丢了性命，更有无数人因此而丢失了职位！

为什么有些人如今只能过着勉强糊口的生活呢？因为这些人不懂得，以前少享些安乐、多过些清苦的日子。他们从来不知道去向那些白手起家的伟大人物学一学；他们从来不懂得什么叫自我克制，无论口袋里有多少钱都要把它花得分文不剩；他们有时为了面子，即使债台高筑也在所不惜。

学会正确对待"攀比"

彤彤的幸福可以说毁在了一次聚会上，那次聚会让她觉得特丢脸。

露露算是这些朋友里最漂亮的，聚会时带了个新男朋友，据说是温州一家大企业的少主，家里在当地很有名望。露露拎了一个 LV 的包包，时不时地打开又收起来，生怕别人看不见。

琪琪大热的天居然围了一个皮草的小围巾，据说是那个在东北做皮草生意的男友送的，还一个劲地和大家说，这种皮草多么贵，保养如何如何讲究，配衣服如何如何难。搞得她自己现在就已经像是皮草公司老板娘一样。

凯琳倒没穿戴什么名牌，但不停地提她那个既帅又有钱的男朋友，大谈他们的结婚计划，房子要在北京买，已经打算雇民工去排队买预约房位了。结婚旅行要到法国……

彤彤觉得自己最灰头土脸，男朋友在一家事业单位做事，虽说工作还算不错，待遇也挺好，可跟他们一比就显得逊色了，而且长得也说不上多帅。彤彤一边鄙夷着女友们的俗气，一边又对人家羡慕得很。回到家里越想越生气，就希望琪琪被她的皮草捂出痱子，露露的男朋友家生意破产，凯琳那个男朋友移情别恋。在心里暗暗诅咒了一遍，彤彤又开始抱怨自己的男朋友没有出息，挣不来大钱，两个人为此吵了一架，气得彤彤第二天一整天都没有吃饭。

彤彤越想越不是滋味，终日郁郁寡欢，竟还为此病了一场。病好以后，她开始了各种理由的抱怨、折磨，男友心力交瘁，只能主动提出分手。

彤彤开始彻头彻尾改变自己，她的眼里，只容得下钻石王老五。她与现在的老公是在一个朋友的婚礼上认识的，婚礼结束后第三天，新郎新娘就组织了"答谢饭"。后来彤彤才知道，那顿"答谢饭"主要是新郎一个朋友——陈鹏张罗的，为的就是看看自己。陈鹏是某集团公司经理，也算是家族企业，家境殷实。之所以至今未婚，朋友说是因为太挑剔，家庭富裕顾虑就多，思想传统，一直想找一位背景单纯、贤惠持家的太太。

一心想嫁入豪门的彤彤开始"包装"自己。陈鹏不希望找个女强人，很坚持"男主外女主内"，所以彤彤第一次去陈鹏家见家长，就故意明确表示：自己在工作上没什么想法，还是觉得家庭更重要。

陈鹏喜欢单纯的女生，彤彤揣摩着说自己最大的爱好就是宅在家里。其实彤彤有一个"特长"——酒量超好。可和陈鹏谈恋爱以后，彤彤一直宣称自己不会喝酒。有一次几个朋友一起玩，有朋友在陈鹏面前说漏嘴了，彤彤马上极力否认，差点翻脸。这段恋爱，让朋友们从祝福变为尴尬。

最终，彤彤与陈鹏修成了正果，两人结婚。婚后，彤彤按陈鹏的意思辞掉工作，一门心思做个全职太太，但现在说起，彤彤有种"上了贼船"的感觉。

首先是家务问题，以前谈恋爱时，彤彤还可以糊弄，结婚后就纸包不住火了。陈鹏觉得彤彤不理事，即使不需要亲自动手的家务事，也需要人安排统筹，可彤彤一点意识也没有。

最关键的是，彤彤内心里对事业还是比较有追求和想法的，在家当全职太太让彤彤的才华被埋没了。彤彤几次提出想出去工作，但都被陈鹏一口否决了。

如今，两人已经走到了冷战边缘，彤彤感觉自己都要崩溃了。

可以说，彤彤现在每天都在"喝酒"，喝自己当初酿的苦酒。当初她看到别人比自己强，心理开始不平衡，实际是攀比心理在作怪。客观地说，攀比也并非都是坏事。如果能够通过攀比，发现自身的不足、认识自己的独特、承认与别人的差异、确定努力的方向、激发合理竞争的欲望，那么攀比一下又何妨？这样比有什么不好？这样比也能促成进步，这样比完全是可以的。

但是，如果什么都要比，聚在一起就比事业、比地位、比房子、比车子、比银子……非要比出个谁强谁弱，比赢了就扬扬得意、沾沾自喜，比输了就垂头丧气、耿耿于怀，那就是一种心理失衡了。从某种意义上说，这完全是在自找烦恼。有句话说得好，这世上总有人比你拥有的更多、更好，所以在这场较量中，你不可能"赢"。与他人比，你永远只能一时高兴。

生活的道理应该是这样：没必要为了面子让自己活得太累，在人前处处逞强，仿佛自己什么都能做到似的。每个人都有缺陷，要敢于承认己不如人，也要敢于对自己不会做的事情说"不"，这样自然能够获得一份适意的人生。

其实，"攀比"本身没有错，错的是人们对待"攀比"的心态。人一旦有了不正常的比较心，往往意不能平，终日惶惶于所欲，去追寻那些多余的东西，空耗年华，难得安乐。然而，尽管人们都知道"人比人，气死人"的道理，可在生活中，还是要将自己与周围环境中的各色人物进行比较，可是攀来比去，最后除了虚荣的满足或失望之外，还剩下什么？有没有意义？是徒增烦恼还是有所收获？答案是：毫无意义！

不要企望不可能的尽善尽美

许多人在年轻时，都倾向于为自己、为未来、为世界设定一个心目中的完美形象，尤其是一些"精英人士"，他们害怕做得不够好会影响到自己的声誉、公众的评价，在这种思想压力下，他们渐渐出现了心理障碍。在心理学家看来，"完美主义"是诸多精神健康问题的核心症结所在，包括焦虑障碍、强迫障碍、进食障碍，还常与饮食失调、婚姻问题、工作狂、失眠症与自杀等问题相关。

他们并没有认清现实，现实是一切都有缺陷，而他们恰恰不允许这种缺陷存在，他们总是在苛求自己，却从来没有想过自己只是在追赶幻影。

邵明明是个工作狂，做事精细，追求完美。因为这些优点，她很快得到上司认可，并得到了晋升。到了更高的工作岗位以后，邵明明立即设定了更高的目标，全力投入了工作。可是大半年下来，邵明明领导的团队业绩却不尽如人意，下属们也多有怨言。原来，邵明明晋升之后，将对自己的高标准严要求追加到了下属身上，要求他们做事要考虑周全，不允许有丝毫差错。在发现有些下属达不到自己的要求以后，邵明明开始事无巨细地亲自过问，一再检查。有时觉得检查麻烦，干脆自己做，下属的积极性因此受到了很大打击。时间一长，邵明明也不堪重负，她不再有充足的时间完全按自己的标准做每一件事了，于是，强烈的不安全感产生了。她越来越希望控制所有的工作，越来越不肯放权。但由于时间和精力的限制，她又不可能控制所有的事情，于是出现了恶性循环。她逐渐失去了往日的快乐。

试图达到完美境界的人与他们获得的成功，往往恰恰成反比。追求完美会使人产生莫大的焦虑，在事情还没有开始时，他们就开始担心会失败，生怕哪一个细节做得不够完美，精力就这样被分散了。而一旦惨遭失败，他们就会灰心丧气，首先想到的是如何逃避，而不是从失败中汲取教训。

背负着追求完美的精神包袱，非但在事业上无法谋求成功，而且在自尊心、家庭问题、人际关系等方面，也不可能获得满意的效果。这样抱着一种不正确和不合逻辑的态度对待生活和工作，是永远不会幸福的。

古代西方有则流传很广的故事：德尔斐传"神谕"的女祭司告诉苏格拉底的朋友说，苏格拉底才是人间最聪明的人。苏格拉底感到自己并不聪明，于是去证实这个"神谕"。他到处去找有知识的人谈话，其中包括政治家、诗人、工匠等。结果证明这些人并没有知识，因而发现"那个神谕是不能驳倒的"，于是，他反省自问，自己的聪明究竟表现在哪里？他觉得自己其实很无知，因而推论到"自知自己无知"正是聪明之所在。

无独有偶。古代东方的老子也言："知不知上，不知知病。"自知自己不知才是最上等、最聪明的人。看来，自知自己无知才是真聪明，相反，自认为自己博学多识甚至能智胜天下者，倒可能是真糊涂。

绝对的完美主义者，他的内心不可能平和，他的生活中也不会遇到真正的幸福，而且，今后可能也不会遇上。人们对事物一味理想化的要求导致了内心的苛刻与紧张，内心的紧张又使他们更加苛刻地要求自己。所以，完美主义与内心放松满足相互矛盾，两者不可能融入同一个人的人格。事物总是循着自身的规律发展，即便不够理想，它也不会单纯因为人的主观意志而改变。

如果有谁试图使既定事物按照自己的要求发展变化而不顾客观条件，那么他一开始就已经注定失败了。

当然，没有人会满足于本可改善的不理想现状。所以，我们应该努力寻找一个更好的方法：用行动去补足缺陷，而不是"望洋"空悲叹，一味表示不满。同时我们应认识到：自己总能采取另一种方式把每一件事都做得更好。但这并不是说你已经做了的事情就毫无可取之处，我们一样可以肯定自己已经完成的事务成功的一面。有句广告词不是说："没有最好，只有更好"吗？所以，不要苛求完美，它根本不存在。

当你认为情况应该比现在更好时，就请把握住自己，理智地提醒自己，现实中的自己其实很好。如果有过于要求完美的心理趋向，就赶快治疗！当你摒除自己苛刻的眼光时，一切事物都变得美好起来了。不要刻意追求完美，你会感觉到生活充满明媚的阳光。

你没有那么多观众

张先生从小生长在一个大家庭中，每次吃饭，都是十几个人坐在大餐厅中一起吃。

有一次，他突发奇想，决定跟大家开个玩笑。吃饭前，他把自己藏在饭厅内一个不被注意的柜子中，想等到大家遍寻不着时再跳出来。

尴尬的是：大家丝毫没有注意到他的缺席，酒足饭饱，大家离去，他才蔫蔫地走出来吃了些残汤剩菜。从那以后，他就告诉自己：永远不要把自己看得太重要，否则就会大失所望。

事实上，当你过于在意别人的目光、无法割舍太多的纠葛的时候，你的人生便已经被绑架了。其实，最关注你的人只有你自己，没有那么多把自己的目光盯在别人身上的"观众"。所有的"观众"，其实只不过是你心中的樊笼。你换一种活法，忘记"观众"，照样可以获得快乐。

一个曾经风光无比的男演员淡出公众视线很多年了，最近出现在了媒体上，却成了拳击比赛的新人王。在一个节目上，主持人问他为什么能够在人气上升的时候忽然淡出，男演员就给主持人讲述了他曾经的故事。

原来当年，男演员凭借在热门影视剧中的表演名噪一时，他也按名人的标准来要求自己，在人前衣冠楚楚，保持风度，让自己活在"名演员"的角色中。可是，有一次在国外拍片的时候，剧组全体人员要从拍摄地到另一个地方去吃饭，吃完饭按时集合回去继续拍摄。

在用餐完毕之后，他看见其他人还没吃完，于是就去外面的公用电话与家人联系，正和母亲聊着，他发现剧组乘坐的大巴车载着满车的人开走了，于是他扔下电话追了过去，大巴上却没有人留意到他。

感觉荒唐又气愤的男演员心想，这简直是太荒谬了，竟然没有等他上车就走了，他可是这部剧的男主角啊，没有他怎么进行拍摄呢？他想，等他们发现自己没有上车，一定会回来找他的。

可是，两个小时的时间过去了，没有人来找他，周围来来往往的人们也没有人认出这是一个著名男演员。

于是，按捺不住的男演员给剧组的人打了电话，那头才恍然大悟：原来把男主角丢到了饭店。之后又过了很长时间，才有人过来将他带回拍摄地。

这一次的经历无疑给自视甚高的男演员泼了一盆冷水，他这个时候才意识到，原来，自己并没有那么多的观众，没有那么多人会关注你。

也正是因为有了这样的认识，男演员才不再自责，在遭遇事业低谷的时候也不再抱怨别人，而是专心投身于自己喜欢的运动当中，后来还在教练的鼓舞之下参加了全国性的拳击比赛，成为该比赛中年龄最大的新人王。受到万众瞩目的演员尚且如此，更何况我们普通人呢？在会议、聚会上，你发表意见的时候不小心出现口误，立即感觉大失面子，还没想到怎么去补救，大家却都已经投入到了另一个话题中去了。其实，其他人根本就没有注意到你的小小过失，更不会在意，却只有你自己，觉得失去了面子。

对于别人的眼光，别人的评价，你在乎得越多，那么你的内心就会多一分束缚。你舍弃得越多，你也就多了一分自由。

许多人总是会高估了自己，为虚名所累，总是认为有许多观众时刻都在注视着自己，其实，你对别人没那么重要，地球离开了谁都会照常转，别人的生活不会因为你少出了一分力而就无法继续。

有太多人每天忙忙碌碌，就好像是陀螺一样不停地转着，虽然在工作当中施展了拳脚，得到了成绩，但是却把自己累得要命。别人劝他，对自己好一点，休息一下，不要对自己太苛刻，可是他却无奈地说："不行啊，我的工作很重要，没有我不行，很多人靠着我吃饭呢。"

的确，你的工作能力可能很强，你的事业成功，你认为自己的能力比身边其他人高，于是就要背负更多的压力，这其实就是你的责任。

但是你也要明白，自己并不是超人，不是蜘蛛侠，不必把拯救世界的使命全部压在自己的肩头，过重的负担只会压垮自己。曾经有一个"工作狂"，作为一个部门的负责人，他的工作十分出色，上司赏识他，总是给他最难完成的任务，出去应酬也总是带着他。虽然他也经常觉得自己工作压力大，自己太辛苦，别人劝他休息，可是他却两手一摊，无奈又骄傲地说："走不开啊，我一放手，工作就没办法进行了。"

直到有一天，在单位的一次体检过程中，医生神色凝重地在他的报告单上写下"疑似"。就是这张危险的报告单一下子让他蒙了，家里人强制性地把他送进了医院，什么事都放下，好好调养他已经被严重透支的身体。

住院半个月的时间，连手机都关掉了，谢绝任何人来探望。只有家人陪着他聊天、散步，调养休整。他在此期间才遗憾地发现，在不知不觉当中，自己已经错过了那么多与家人共处的机会。

半个月之后，复检结果出来了，最可怕的猜想被排除，这段时间，正常的生活作息也让他疲惫的身心得以修补，他如释重负，仿佛天地一下子大了许多。

出院以后，他回到了单位，发现他不在的那些日子里工作如往常一样运转得非常好，一些被他的"能干"束缚未能施展拳脚的员工这个时候也施展出了各自的潜能，单位的工作没有因为他的离开受到太大的影响。

现实的情况虽然让他有些失落，但是他随即却又释然，别人的生活自有别人自己负责。何必勉强自己做"救世主"呢？其实自己能够拯救、需要负责的，也只有自己。让我们好好善待自己吧，不要再为难自己。在生命的舞台之上，每个人都有各自的角色，每个人其实就是主角，也只是自己生命的主角，在别人的生活当中，你仅仅只是一个配角，一个无关紧要的配角。欣赏自己，照顾自己，学会自娱自乐，把自己的生命交给自己，才能把价值带给世界。

逃避和掩盖缺点它就不存在了吗

有个小伙子觉得自己长得丑而且胆子小，为此他很自卑，不敢结交朋友，常常觉得自己的人生没有一点希望。

一天，小伙子鼓起勇气去看心理医生。医生听了他结结巴巴的诉说后，握住他的手，笑着说："这些怎么是缺点呢？你胆子小也只不过是非常谨慎罢了，而谨慎的人总是很可靠，很少出乱子。"小伙子听心理医生这么说，有些疑惑了："那这么说，胆大反倒是缺点了？"医生摇摇头："不，谨慎是优点，而勇敢是另外一种优点。只不过平时人们更重视勇敢这种优点罢了，就好像白银与黄金相比，人们更注重黄金。"

小伙子听后内心颇为宽慰，眉头有些舒展开了。

医生又问小伙子："你喜欢啰唆的人吗？"小伙子说："不喜欢。"医生说："但是你若看过巴尔扎克的小说，就会发现这位大师很啰唆，他常为一间屋子、一个小景色，婆婆妈妈地讲个不休。但是若剔除了这些，那就不是巴尔扎克的小说了，你能说那一定是巴尔扎克的缺点吗？"

小伙子笑了。

医生又问："你讨厌酒鬼吗？"小伙子说："当然。"医生说："李白难道不是酒鬼吗？"少年打断了医生的话："不是！他和陶渊明一样，是爱喝酒的诗人，李白斗酒诗百篇呢！"医生鼓掌笑道："对！我赞同你的观点，你的意思是说——缺点在不同的人身上，会呈现不同的色彩：有的酒鬼，仅仅是个酒鬼，而李白则是一个栖身于酒中的诗仙。"

医生接着说："所谓的缺点，至多不过是个营养不良的优点。如果你是位战士，胆小显然是缺点；如果你是司机，胆小肯定是优点。你与其想办法克服胆小，还不如想办法增长自己的学识、才干，当你拥有较多见识、较宽阔视野的时候，即使你想做个懦夫，也很困难了。"

俗话说得好："真金未必足赤，白玉难免微瑕。"一个人，尤其年轻人，有一些缺点或错误非常正常。对于自己的缺点，很多人会感到遗憾，感到沮丧，但自信的聪明人并不会回避或掩饰自己的问题，更不会被问题打倒。缺点从另一个角度看，可能就是优点，不足之处是差距，努力完善迎头赶上就是，又何憾之有呢？

人有缺陷并不可怕，可怕的是刻意掩饰，自欺欺人。在日常生活中往往有这样的情况，越是刻意掩饰自己的缺陷，自己活得越累，有时甚至还显得很尴尬。这是因为缺陷是客观存在的，掩饰往往会弄巧成拙。把自己的缺陷袒露人前，也就同时把自己的真诚毫无保留地献给了对方。这会使对方理解你的缺陷，容纳你的缺陷，如果你还能有意识地弥补自己的缺陷，你的生活就会越发幸福和和谐。

薛女士已经 35 岁了，两年前丈夫不幸病故，家里人都执意让她再找一个意中人，热心的朋友也劝她早日结束单身生活。薛女士虽然也见过几个对象，但都没有成功。原因是薛女士和别人见面后，总是先把自己的缺陷和盘托出，暴露无遗，令一些人"望而却步"。她的朋友数落她时，她却振振有词："年轻时搞对象都没有装模作样过，老了更不用掩饰，我就是这么样一个有瑕疵的女人，先让对方看清楚点不好吗？"后来薛女士还真找到了一位心心相印的意中人，据说对方就是看中了薛女士毫不掩饰、勇于承认缺陷的优点，认为这人难得地实在。由于薛女士事前把自己的缺陷毫无保留地告知对方，对方"扬长避短"，两人配合默契，生活得很美满。朋友们都说，实在人有实在命，薛女士这是用袒露缺陷换来的幸福。

缺陷或大或小，或多或少，人人都有。然而，面对缺陷，大多数人是去掩饰。掩饰缺陷也许是人的天性，毕竟能在大庭广众之下袒露自己缺陷的人，实属不多。因此，袒露缺陷确实需要勇气，要战胜自己的懦弱，战胜自己的虚荣，还要战胜世俗的偏见。所有这些，没有超人的勇气是万万做不到的。

中国台湾著名画家刘墉在教国画的时候，经常发现有些学生极力掩饰自己作品上的缺点，有时画得差，干脆就不拿出来了。

遇到这种情况，刘墉会对他们说："初学画总免不了缺点，否则你们也就不必学了！这就好比去找医生看病，是因为身体有不适的地方，看医生时每个病人总是尽量把自己的症状说出来，以便医生诊断。学画交作业给老师，则是希望老师发现错误，加以指正，你们又何必掩饰自己的缺点呢？"

我们应该明白有缺陷并不是一件坏事，那些自认为自身条件已经足够好以至于无可挑剔、不必改变现状的人往往缺乏进取心，缺少超越自我追求成功的意志。相反，承认自己的缺陷，正确认识自己的长处与短处，却可以使我们处在一种清醒的状态，遇事也容易做出最理智的判断。

何必打肿脸充胖子

像小品《有事您说话》的主人公那样，为了表现自己比别人强，有本事，就瞎吹牛，说自己有路子买火车票，结果别人托到他的时候，为了证明自己能，只好夜里排队去买票，弄得自己狼狈不堪。这是典型的虚荣表现，它所带来的痛苦和麻烦都是自找的。

有位朋友也是这样，他师院毕业以后，被分到市属中学工作，正赶上市教委要求该校抽调人员对全市的中学进行实地考察，并要求写出相应的调查报告。这位朋友还没有被安排授课，因此便选中了他。起初，他感到很为难——自己刚出校门，不仅对本市教学情况不了解，就是对教育工作本身，也知之尚少，何况自己本就不想参加。无奈，校长已经开了口，碍于情面，实在不好拒绝。

一个月后，别人都按时上交了调查报告，唯有他一个，由于不谙世事，又缺乏经验，对自己分工调查的三个中学连情况都没摸准，更不用说分析了。市教委主任很是恼火，大斥校长不会用人，这位朋友面子上受不了，又气又愧，最后只好以辞职来解脱自己。

这位朋友当初为了照顾别人的情面，最终自己面子难保，身心都受到了巨大伤害。这对他而言应该是个很深刻的教训。然而，这对我们而言又何尝不是一种启示呢？如果因为面子问题，不管三七二十一地一味应承，事若不成，不但对方的不悦会升级，而且对于我们也是一种打击。所以说，无论做什么事，我们都要量力而行，对于力所不及的事情，就要明智地放弃，别怕丢面子，也别怕别人不高兴，因为这已经超出了我们的能力范围，不是我们懦弱，而是我们真的不能。

很多人有"逞能"的习惯，逞能其实是一种盲目的心理状态，比如有人奉承你两句，你便觉得自己无所不能，也不衡量自己有多少斤两，就硬着头皮去做自己力不能及的事情，结果怎么样？不但事做不成，还常常令自己颜面扫地。

是的，有时我们需要一点"明知山有虎，偏向虎山行"的精神，以此来激励自己的人生，让自己的心灵更加坚韧顽强，但有时我们也要懂得放弃。就像著名学者林语堂先生所说的那样——"明智的放弃胜过盲目的执着。"打肿脸充胖子的事谁都能做，但为什么要做？累不累？值不值得？充了胖子别人就会觉得你能耐、觉得你英雄、觉得你仗义吗？未必。倒是很多时候，我们费了不少力，换来的却是讥笑与嘲讽。这怪不得别人，只怪我们自己太自不量力。

不是吗？自己没有金刚钻，为何要揽瓷器活？人是要有自知之明的，要清楚自己的极限在哪儿，凡事量力而行、尽力而为。场面上，有多大酒量，咱们就喝多少酒，不要喝伤自己；有多少能耐，咱们就出多大力，不要累垮自己！你想像武松一样上山打虎，那你就要先练就武松的本事，否则岂不是白白葬送性命？

事实上，当我们缺乏准确判断而做出某种非理性坚持时，它就会成为自不量力的代名词，成为盲目和狂热的蠢行，倘若依旧一意孤行，就很可能会伤及心灵，甚至是你的人生。

其实人活一辈子，不可能什么都行，什么都能，有些事情我们做不到很正常，但是做不到还逞能的话，就很容易被打脸。做人，切记量力而行，不要为一时的小面子而丢了大面子。

一知半解的做作

不懂装懂的人真不少，可以说它是不分年龄、不分年代、不分圈子、也不分国界的。社会上一知半解的人一多，就容易刮起装腔作势之风。虚荣的人便容易产生唯恐落于人后的压迫感。在绝不服输或"输人不输阵"的虚荣心作祟下，人们越发地不懂装懂起来。

其实，不懂就不懂，为何要装懂呢？细思之，但凡带此陋习者一般原因有二：一是肚中本来没有多少知识，一旦被人问住，想回答"不知道"，但是又怕自己丢人，所以只好不懂装懂，信口胡诌，答非所问，敷衍了事，从而得以脱身；二是自己的能耐不大，但是却耐不住寂寞，于是就开始在人前人后"打肿脸充胖子"，摆出一副博古通今的架势，张嘴就是"张飞打岳飞，打得满天飞"，专门吓唬那些学识浅薄的人，从而借以扬名。

说到底，不懂装懂其实就是自欺欺人，更是一个人在求知过程中对待缺点和不足的一种遮掩。

承认自己也有不知道的事并不丢人，为了要自抬身价而不懂装懂，一旦被对方看穿，反而会令自己更尴尬。其实，我们每个人都不可能对任何事情精通于心，必然有很多需要弥补和学习的地方。而不懂装懂就好像是给不足之处盖上了一块遮羞布，施了个障眼法，暂时挡住了别人的视线，让自己能够苟延残喘。殊不知，等到真相大白的那一天，不懂装懂的人终究是要为自己的无知付出代价的。

可见，不懂装懂不仅无用，反而有害。汉代鸿儒董仲舒曾写道："君子不隐其短，不知则问，不能则学。"所谓"不隐其短"就是要敢于承认自己的不足，敢于解剖自己。"不知则问"就是让自己少几分羞涩与虚伪，多几分坦诚与谦虚。"不能则学"就是要学习自己原来不明白的东西，弥补缺陷，不断充实自己，成为一个有真才实学的人。

他有他的好，你有你的妙

你不是别人，你没有走过他所走过的路，又怎会知道他心中是苦是乐？所以没有必要羡慕嫉妒恨。

你的幸福也许就是一碗白开水，你每天都在喝，何必羡慕别人喝的带有各种颜色的饮料？其实未必有你的白开水解渴。

其实幸福如人饮水，冷暖自知。

英国王子威廉大婚，平民姑娘凯特摇身一变成为世人瞩目的王妃，一步登天。本以为她会成为众多女性羡慕的对象，可没想到，英国民意调查机构的一项调查结果显示，英国女性中居然有86%不羡慕或忌妒王妃凯特，表示即使有机会也不会与她互换身份，因为"她再也无法过上普通人的生活"。

的确，当皇家、王室的媳妇，清规戒律极多，禁忌无数。就说王妃凯特吧，她此后的生活就要受到无数双眼睛的注视，再也不能随随便便去逛公园，轻轻松松去酒馆小酌，愉愉快快去海滩日光浴，风情万种地去上台当模特，更不能口无遮拦想说什么就说什么。怪不得那么多女性不羡慕王妃凯特。

人都是生活在比较中的，幸福与否，快乐多少，都是相对而言。"恨人有，笑人无"，是人们最常见的阴暗心理，羡慕别人也是每个人都不能免俗的心灵活动。大千世界，人海茫茫，一个人不论再成功、再完美，不论再潦倒、再失败，都会羡慕也会被羡慕，没有人是不羡慕别人的，也没有人是不被别人羡慕的。

泰戈尔在一首诗《错觉》中这样写道：河的此岸暗自叹息："我相信，一切欢乐都在对岸。"河的彼岸一声长叹："哎，也许，幸福尽在对岸。"其实，他是他，你是你，他有的你不一定有，你有的他也未必有，生活是自己的，只要自己过得开心、舒适就好。我们又何必与人比着活？

不知大家有没有看过这样一则寓言：

猪说："假如让我再活一次，我要做一头牛，工作虽然累点，但名声好，让人爱怜。"

牛说："假如让我再活一次，我要做一头猪，吃罢睡，睡罢吃，不出力，不流汗，活得赛神仙。"

鹰说："假如让我再活一次，我要做一只鸡，渴了有水，饿了有米，有房住，还受人保护。"

鸡说："假如让我再活一次，我要做一只鹰，可以翱翔天空，云游四海，任意捕兔杀鸡。"

那么你呢？又是不是也在想着自己过上别人的生活？是不是觉得那样才快乐？其实幸福如人饮水，冷暖自知。

所以说，别活得太累，幸福的标准因人而异，你完全没有必要羡慕别人，你只要知道自己的方向，你努力朝着这个方向去做，就能体现你的价值，并收获你的幸福，而这个价值和幸福，也都是别人所无法达到的。

3

忌妒的荼毒

危险指数：★★★

忌妒的产生，在明白无误地告诉一个人：别人比你强，你的处境已经很危险，你如果再不做出努力的话，你会失去很多东西，甚至会失去你的生命。

见不得别人比我好

在网上看到的一个帖子：一个女人说，自己的闺密各方面都顺得不得了，本人漂亮，老公帅气又能干，疼老婆，孩子可爱，生活优越，很是让人羡慕，她就觉得心里有些不平衡。

忽然有一天，闺密花容失色，面容憔悴，痛哭流涕，原来她老公出轨了。女人在安慰闺密的同时，心里油然而生一种"快慰"，她感到了"平衡"。

最后，她总结道：自己遇到挫折的时候，千万不要对别人说，要打碎了牙往肚子里吞，免得在寻找别人的安慰的同时，也安慰了别人。

人性中的忌妒，就像一把看不见的钢刀，不仅会刺瞎人的眼睛，还会刺瞎人的心，如果让人类的这种心态恶性循环下去，所有美好的东西都将成为忌妒的陪葬品。这种由褊狭、自私而萌生的忌妒显然是消极的。

王燕与郑露是某艺术院校大三的学生，同在一个宿舍生活。入学不久，两个人就成了形影不离的好朋友。王燕活泼开朗，郑露性格内向，沉默寡言。郑露逐渐觉得自己像一只丑小鸭，而王燕却像一位美丽的公主，心里很不是滋味，她认为王燕处处抢自己的风头，心中暗暗恨着王燕。大四那年，王燕参加了学院组织的服装设计大赛，并获得了一等奖，郑露听到这一消息以后心中特别难受，便趁着王燕不在宿舍时将她的参赛作品撕成碎片，扔在床上。王燕回来以后，看到这种情况不知道该如何与郑露相处，更想不通事情为什么会变成这个样子。

王燕与郑露从形影不离到反目成仇，这样的变化实在令人惋惜，而引起这场悲剧的根源只有两个字——忌妒。

客观地说，毫无忌妒心的人是没有的，忌妒是人的本性，在合理范围内可被视为正常反应。但如果让自己的内心充满妒忌，就可能导致行动不顾后果，做事缺乏考虑。所以莎翁一再提醒人们："您要留心忌妒啊，那是一个绿眼的妖魔！"的确是这样，现实生活之中，忌妒作为一种病态心理危害极大。忌妒者往往不择手段地采取种种办法，打击其忌妒对象，既有害自己的心理健康，又影响他人。

有这样一个笑话，很能说明问题。

有一个瑞士导游带着三个人，一个美国人、一个日本人和一个中国人，去参观当地富人区，参观完以后，他先问美国人的感受。

美国人说："他们很成功，很富有，但我经过努力一定会超过他们。"

他又问日本人。日本人说："我会好好向他们学习，以后也会跟他们一样成功和富有。"

最后他问中国人，中国人却说："这些富人的财富都是见不得阳光的。"

我们把它当作笑话来看，但它又不止是一个笑话，有些人，他们自己富不起来，又见不得别人富有，因此只能用败坏别人的办法来安慰自己，事实上这种心理败坏的不是别人，而是自己。因为"每一个埋头于沉入自己事业的人，是没有工夫去忌妒别人的。忌妒是一种四处游荡的情欲，能享有它的只能是闲人"。人被这种情欲纠缠了，又如何摆正心态去经营自己的人生？对于别人的成功，应该向故事中的美国人和日本人学习，以一种认同的、竞争的心态去对待，思考一下他们的成功历程，在心里问问自己：都是人，为什么他们能做到，而"我"做不到呢？找出自己的欠缺，弥补自己、充实自己，争取早日进入他们的行列。

忌妒心理通常来自生活中某一方面的"缺乏"。你心里泛酸，不是滋味，是因为你想得到的东西被别人得到了，你因此失落，甚至认为是别人抢走了原本属于你的关注、荣誉、利益、机遇，等等。这种感觉会扰乱你的生活，会让你被忌妒情绪所左右，并不断强化和持久化这种情绪。

我们可以通过自我安慰式的洒脱来消除它的影响。在心里告诉自己：总会有新的机遇、新的朋友、新的美好在等待"我"，只要"我"愿意把握！这种自我安慰能够减少你的压力，让你将上一次的失利归咎于自己的失误，而不是别人的掠夺。

做人洒脱一点，活得就会更自由一点、更放松一点，当你发现自己被忌妒找上时，记得把心态从"缺乏"转移到"丰富"上，你就能够淡定了。

积极的"忌妒"

一切忌妒的火，都是从燃烧自己开始。忌妒者内心充满痛苦、焦虑、不安与怨恨，这些情绪久久郁积于内心，就会导致内分泌系统功能失调，心血管或神经系统功能紊乱，甚至破坏消化系统、血液循环系统的正常运行，会使大脑皮层下丘脑垂体激素、肾上腺皮质类激素分泌增加，使血清素类化学物质降低，引起多种疾病，如神经官能症、高血压、心脏病、肾病、肠胃病等，从而影响身心健康。所以，"忌"实为"疾"也。

其实，忌妒就是自寻烦恼，拿他人的成就来折磨自己，不能战胜对方，自己又不服输；不能超越对方，自己又不服气，于是就开始忌妒。忌妒说到底就是对自身的轻蔑。它清楚地告诉别人，自己是一个弱者，自己不如别人；忌妒又是为自己设下的羁绊，它会使自己深陷一种深深的痛苦之中，甚至落得个可悲、可怜甚至可笑的下场。

东汉末年，官渡一役令曹操声威大震，日益强盛起来。他先灭河北袁绍，又以不可挡之势先后灭掉几个大小诸侯，将刘备赶得几乎无处依身，最后又盯上了虎踞江东的孙权。曹操势大，诸葛亮遂提出联孙抗曹之论，刘备允之。于是，诸葛亮只身入东吴，舌战群儒、智激孙权，终于与东吴结盟。

诸葛亮在吴期间，东吴都督周瑜忌诸葛亮之才，一心剪除以绝后患，但均被诸葛亮洞察先机一一化解，由此妒意愈深。

赤壁一战，凭诸葛亮、周瑜之智，得庞统、徐庶相助，火烧连环船，杀得曹军尸横遍野、血染江河，若不得关羽华容道义释，几近无一生还。得意之余，周瑜欲乘胜而进，吞并曹操在荆州的地盘，谁知却被诸葛亮捷足先登。周瑜不甘意欲强攻，又被赵云射回，自己还中了一箭。

此后，东吴几次追要荆州均无功而返，周瑜不禁心生一计，与孙权密谋假嫁妹，让刘备入东吴，再图之。可惜，此计又未能逃过诸葛亮的眼睛，他授予赵云三个锦囊，最终使得周瑜"赔了夫人又折兵"。

终于，周瑜按捺不住，欲"借道伐虢"，一举灭掉刘备，却被深谙兵法的诸葛亮挡回，并书信一封讥讽周瑜。周瑜原本气量狭小，三气之下终于长叹一声"既生瑜，何生亮"，追随孙策而去。

历史学家提出，诸葛亮与周瑜平生并无交集，这是罗贯中先生为神化诸葛亮而杜撰的情节。史实如何我们且不去管他，然周瑜的一句"既生瑜，何生亮"却一直受到君子们的诟病，其原因就在于他没有一个正确的心态。面对才高于己的人，他不去谦虚讨教，以求他日赶超诸葛亮，反而去忌妒、去陷害，最终负了孙策昔日之托，大业未成便撒手人寰。

忌妒心强的人，一般自卑感较强，没有能力、没有信心赶超先进者，但却又有着极强的虚荣心，不甘心落后，不满足现状，所以看到一个人走在他前面了，他眼红、痛恨；另一个人也走在他前面了，他埋怨、愤怒、说三道四；第三个人又走在他前面了，他妒火中烧、坐立不安……一方面，他要盯住成功者，试图找出他们成功的原因；另一方面，忌妒又使得他心胸狭窄，戴着有色眼镜去看待别人的成功，觉得别人成功的原因似乎都是用不光彩的手段得来的，因而便想方设法去贬低他人，到处散布诽谤别人的谣言，有时甚至会干出伤天害理的事情来。这样做的结果，不但伤害了别人，同时也降低了自己的人格，毁掉了自己的荣誉，事后又难以避免地陷进自愧、自惭、自责、自罪、自弃等心理状态之中，为此夜不成眠，昼不能安，自己折磨自己。

很明显，忌妒人正是因为己不如人。那么，我们为何不将忌妒化作一种动力，借助这股动力去弥补自身的不足，赶超比你强的人呢？将忌妒升华为良性竞争行为，忌妒者会奋发进取，努力缩小与被忌妒者之间的差距；而被忌妒者面临挑战，一般也不会置若罔闻，为保持和发展自己的优势地位，他们会选择迎接挑战，从而强化竞争。也就是说，忌妒可能会引发并维持一种现象，在良性竞争过程中，忌妒双方一变而为竞争的双方，互相促进，共同优化。

忌妒并促进良性竞争，从这个意义上说："忌妒是一种很伟大的存在。"但是，因忌妒而采取如此积极态度和行为的人实在太少，忌妒大量产生的是对立、仇视、攻击和破坏。古往今来，因忌妒导致的悲剧不在少数。无怪乎巴尔扎克发出感叹："忌妒潜伏在心底，如毒蛇潜伏在穴中。"

若想摆脱忌妒的控制，重拾快乐，成就一个卓越的人生。从现在开始，你就必须唤醒自己的积极"忌妒"心理，勇敢地向对手挑战。积极的忌妒心理必然产生自爱、自强、奋斗、竞争的行动和意识。当你发现自己正隐隐忌妒一个各方面都比自己优秀的同事时，你不妨反问自己——这是为什么？在得出明确结论以后，你会大受启示：要赶超他人，就必须横下一条心，在学习和工作上努力，以求得事业成功。你不妨借助忌妒心理的强烈超越意识去发愤努力，升华忌妒之情，建立强大的自我意识，以增强竞争的信心。

你应该时刻提醒自己：忌妒别人就证明自己不如别人，是在贬低自己，你为什么要做这种傻事呢？其实根本无须忌妒别人，将精力、时间、智慧集中起来做好自己的事情，你一定会从生活中得到自己的一分收获。

伤敌一万，自损八千

有的人以为只是忌妒一下没什么大不了，可是却不知忌妒如果不加以控制，走了极端，可是会让人失去理智，犯下大错的。

秦朝的李斯集大学者、大权谋家、大政治家于一身，可是偏偏有着一副忌妒心极强的个性。

李斯是非常有能力的人，韩非子是他的师弟，在出师的时候，他们的老师当面说李斯的才能超过韩非，但暗地里却警告韩非："李斯为人善妒，他的才能不如你，但是我之所以说你不如他，是不想他因此忌妒你，免得以后对你不利。你以后一定不能和他共事，否则难免惹祸上身。"

可是韩非没有把老师的话放在心上，后来投奔秦始皇，因其才能而被秦始皇器重，引来了李斯的忌妒。李斯屡次在秦始皇面前进谗言，秦始皇有一次发怒把韩非关了起来，李斯趁机暗害了韩非，等秦始皇后悔要把韩非放出来时，韩非已经成了一具冰冷的尸体。

对于与自己意见相左或是才干比自己强的人，李斯总是会想办法对付他。淳于越也是一个有才干的人，他一再上书坚持实行分封制，激怒了秦始皇，秦始皇把他交给李斯处理，而李斯审查的结果，却非常奇怪：认为淳于越泥古不化、厚古薄今、以古非今等罪状都是由于读书，尤其是读古书的缘故，竟建议秦始皇下令焚书。

按李斯的建议，凡秦记以外的史书，凡是博士收藏的诗、书、百家语等书都要通通烧掉，只准留下医药、卜筮、种树之书。此后，如果有人再敢谈论诗书，就在闹区处死，并暴尸街头；有敢以古非今的人，全族处死；官吏知道而不检举者，与之同罪；下令30天内仍不烧书者，面上刺字，并征发修筑长城。

毫无疑问这是对中国文化的一次大摧残，也是对人类文明的一次极大的污辱。第二年，即公元前212年，秦始皇又下令将咸阳的儒生460人活埋，即为"坑儒"事件。

李斯这么做，固然是为了迎合秦始皇的心理，把秦始皇要做的事推向极端；但另一方面，李斯也是为了从精神到物质上彻底消灭自己的竞争对手，使天下有才之士望秦却步，使自己的思想成为主流。

公元前210年，秦始皇病死于出巡途中，赵高和李斯串通掌握大权，害死了太子扶苏，令胡亥继位。赵高和李斯本是互相利用的关系，后来钩心斗角、排除异己也就成为必然。李斯平时不善结交，没什么人缘，关键时刻也没人来帮他，后来就被赵高陷害下狱了。李斯被严刑逼供，被迫认罪，最后，被腰斩，其余族党一并处斩。

纵观李斯的一生，他为秦始皇统一中国出谋划策，为建立郡县制力驳群儒，其功劳不可埋没。但是他的一生同时也是劣迹斑斑，害死韩非，促成"焚书坑儒"，他的忌妒、贪婪是其悲惨结局的罪魁祸首。

忌妒对自己本身的伤害，正如铁锈对钢铁的伤害一样，不是别人给自己的伤害，而是自给自己的。其实，忌妒的杀伤力远超过我们的想象。

忌妒心强的人永远不会是个胜利者，更重要的，他永远不会超越自己所忌妒的人，因为忌妒往往来源于和他人的比较中，一旦认为他人在某方面比自己强，便会时刻想着如何打击、诋毁他人，这样的人不可能专注于自己的事业，而会把所有的精力都放在关注他人的一举一动上。那个被他所忌妒的对象就像一根长在心头的刺，这个刺成了他生活的中心，他因此而无法掌控自己的人生方向。与其说是别人的成功妨碍了他，倒不如说是他自己的关注点发生了偏离，自愿从生活轨道上滑落而自毁前程。

被忌妒掩盖的真相

据外媒报道，一项新的研究表明，忌妒能让一个人视力降低，变得盲目。

美国特拉华大学的两位心理学教授领导了这一研究。他们发现，人在产生忌妒情绪时，他们的判断识别能力会明显下降，使他们的目光无法聚焦于正要寻找的目标，因此在选择时也会变得盲目。研究人员找30对情侣参与了这一研究，他们让男女分开，男性要在女友以外的女性中选出一位有好感的人；与此同时，要求女性对计算机中的画面进行记忆。结果显示，忌妒感越强的女性，对画面的认知度和记忆度越差，有些人甚至将"大树"看成"黑色的图纸"，发生"暂时性失明"。

有一对夫妇，他们的心胸很狭窄，总爱为一点小事争吵不休。有一天，妻子做了几样好菜，想到如果再来点酒助兴就更好了。于是她就拿瓢到酒缸里去取酒。

妻子探头朝缸里一看，瞧见了酒中倒映着的自己的影子。她也没细看，一见缸中有个女人，以为是丈夫对自己不忠，偷着把女人带回家来藏在缸里，忌妒和愤怒一下子冲昏了她的头脑，她连想都没想就大声喊起来："喂，你这个混蛋死鬼，竟然敢瞒着我偷偷把别人的女人藏在缸里面。你快过来看看，看你还有什么话说？"

丈夫听了糊里糊涂的，不知道发生了什么事情，赶紧跑过来往缸里瞧，看见的是自己的影子。他一见是个男人，也不由分说地骂起来："你这个坏婆娘，明明是你领了别的男人回家，暗地里把他藏在酒缸里面，反而诬陷我，你到底安的是什么心眼！"

"好哇，你还有理了！"妻子又探头往缸里看，见还是先前的那个女人，以为是丈夫故意戏弄她，不由勃然大怒，指着丈夫说："你以为我是什么人，是任凭你哄骗的吗？你、你太对不起我了……"妻子越骂越气，举起手中的水瓢就向丈夫扔过去。

丈夫侧身一闪躲开了，见妻子取闹还打自己，也不甘示弱，于是还了妻子一个耳光。这下可不得了，两人打成一团，又扯又咬，简直闹得不可开交。

最后闹到了官府，官老爷听完夫妻二人的话，心里顿时明白了大半，就吩咐手下把缸打破。一个侍卫抡起大锤，一锤下去，葡萄酒从被砸破的大洞汩汩流了出来。不一会儿，葡萄酒流光了，缸里也就没有人影了。

夫妻二人这才明白他们忌妒的只不过是自己的影子而已，心中很是羞惭，于是就互相道歉，重又和好如初了。

我们遇到怀疑的事，不宜过早下结论，要客观、理智地去分析，才能够了解真相。尤其在生气的时候，不能像故事中的这对夫妻见到自己的影子，不能冷静地思考分析，反被忌妒心冲昏了头脑而伤了和气。

忌妒心会使一个人的思维变得狭窄，而作出愚蠢的决定和举动。如果忌妒已然让人杯弓蛇影，草木皆兵，那未免有些太过可笑。上面这件事看似笑话，却引人深思。如果我们因为忌妒而猜疑，因忌妒而过早下结论，那么，或许就永远无法了解事情的真相了。

我和前女友，到底谁更好

女人最喜欢问男人的问题，除了"你爱我吗""你到底喜不喜欢我"外，最常见的大概就是，"我跟她，你更喜欢谁？""是我漂亮还是你前女友漂亮？"如果男人回答她最美、他最爱她，她还可以原谅；一旦男人回答错了，或者回答得不能令她满意，那就完蛋了。

恋爱中的人，每个人都希望自己是他（她）的第一个。如果不是这样的话，就会觉得这段感情不够完美。可是生活中太完美的东西往往是不太可能存在的，并且美好的东西，都是从一次次失败积累中汲取经验的。

比如说男人。一个男人如果从没谈过恋爱，他不会在爱情中变得成熟，他今天对你的好，都是在以前的几次经验中汲取来的，所以在谈恋爱的时候，你不要去嫉妒他的旧情人。

振东在大学时就和同班同学佳凝谈起了恋爱，两个人的感情一直很稳定，可是大学毕业后，佳凝留学去了美国，振东考虑到自己的事业在国内更有前途，所以根本就没有去国外的打算，而佳凝又不想很快回国，所以两个人经过协商，友好地分手了。

一次偶然的机会，一名叫佟可可的女护士闯进了振东的视线，经过长时间的观察，振东发现佟可可虽然只是中专毕业，但是人长得很漂亮，而且为人热情、大方、善良且又有耐心，他觉得这种女孩非常适合做自己的妻子，因为自己是个事业狂，如果能够娶到佟可可这样的女孩做妻子，她一定会是个贤内助，肯定能成为自己发展事业的好帮手，于是在他的狂热追求下，佟可可终于成了他的恋人。

为了避免不必要的麻烦，振东从未对佟可可说起自己和佳凝的那段恋情。而振东和佟可可的感情也越来越热烈，甚至到了谈婚论嫁的地步。也正如振东所料，佟可可果然对他的事业帮助很大，休班的时候，佟可可总是到振东的住处帮助他打扫房间、洗衣、做饭，有时还帮助他查阅、打印资料，两个人都充分享受着爱情的甜蜜和美满。

可是，有一天，振东的一位大学同学从外地来这里出差，晚上在饭店为老同学接风的时候，振东带佟可可一起去了。由于久别重逢，振东和那位老同学都感到很兴奋，于是两个人都喝得有点过了，那个老同学忽略了佟可可的感受，对振东说，他们这些老同学都对振东和佳凝的分手感到十分遗憾，因为佳凝是那么才华横溢，将来肯定能在事业上大有作为，老同学原本都以为他们俩是天造地设的一对，在事业上一定会是比翼双飞。

虽然那位老同学也说，今天见了佟可可后，也就不会再遗憾了，因为佟可可的漂亮和善解人意都是佳凝所无法比拟的，但是这丝毫没有减轻佟可可心中的痛苦，她第一次知道在自己之前，振东还有过一个聪明而又有才华的女朋友，尤其是那个女朋友比自己优秀得多：她比自己学历高，而且还去了美国留学，在佟可可看来，振东之所以要对自己隐瞒这段感情，一是因为佳凝出国而抛弃了他，他出于一个男人的自尊而不愿意对自己提起；二是因为他至今都忘不了佳凝，而自己则完全是振东用来掩饰心灵创伤的一张创可贴罢了，她为自己成了佳凝在振东心目中的替代品而感到可悲。

所以那天回来后，佟可可跟振东大闹了一场，尽管振东百般解释自己是一心一意地爱着她的，至于佳凝，那完全属于过去，自己对她真的已经没有爱的感觉了，但是在佟可可的心目中还是从此产生了疙瘩，在以后两个人交往的过程中，佟可可处处自觉或不自觉地拿佳凝来说事，有时候都让振东防不胜防。有时振东夸佟可可几句，她就冷不丁地来上一句："你以前是不是也常常这样夸佳凝？"如果有时候佟可可什么事情没做好，振东向她提意见，她常常反唇相讥："对不起，我就是这种水平，谁叫你放走了才女，而交了我这个低学历、没本事的女朋友呢，后悔了吧！"

一次，振东要去美国出差，佟可可一边帮他收拾行李，一边问："就要见到佳凝了，心情一定很激动吧？"当时振东正急着整理去美国要用的一些资料，就没顾得上搭理佟可可，这让佟可可更加误会了，她又说："好马也吃回头草，如果现在佳凝还是一个人的话，你们这次就在美国破镜重圆了吧。"

终于，振东忍不住了，大吼道："这件事过不去了是吗？那么我们分手吧！"第二天，振东便去了美国，而佟可可火速地认识了一个男朋友，后来，她对振东说："我现在的男朋友各方面都不如你，我这么急着另找一个人，也是为了逼自己坚决离开你，我必须自己断了自己的回头之路。"

然而，嫁给了这个各方面都不如振东的男人以后，她的日子过得并不好。

这个世界上，毫无根据地乱猜测、瞎着急、爱吃醋的女人其实是很多的，但她们显然没有意识到这是一种毫无理智的行为，乃至于慢慢将其养成一种习惯，导致这种心态愈演愈烈：他和前任还是朋友，你撕心裂肺；他的眼睛在你闺密身上停留了，你妒火中烧；他一提起某个女同事就满面红光，你恨不得去抽那个

"妖精"……妒火一旦被点燃，你就会逐渐失去理智，每当想起那个"情敌"，强烈的威胁感便如狂风骤雨般向你袭来，你简直像疯了一样。

其实，适度的吃醋是人之常情，也是爱情的调味料。一点小小的吃醋，会让男人觉得自己被重视，男人会觉得这样嘟起小嘴的女朋友真可爱。但是，过分的忌妒就会让男人感到无限压力。别用忌妒吓跑他。

女人何苦总是为难女人

辛晓琪有一首歌，叫《女人何苦为难女人》，说的是女人间为男人而产生的情感纠葛，其实何止是情敌般的敌视，抛去自古有之的婆媳问题不说，女人为难女人的地方可真不少。说实话，女人未必真的就会将女人怎样，但我看你不顺眼，明里暗里冷嘲热讽倒是再常见不过了。另一方面，女人多半是有同情心的，所以女人看不顺眼的女人，一般来说都不是弱者，常常就是女人中的佼佼者。我们常见到这样的现象，一个女人若自小便超然脱俗，那么她通常是不会有什么真正的朋友的。

女人间的这种酸气弥漫在我们生活的每一个角落：

一个女人如果工作能力太强，那么别的女人就会认为她"强势"或"蛮横"，她们会说："这样的女人应该没有几个男人受得了吧。"与此同时，她们甚至还会私底下同情起她身边的男人，而如果她的婚姻真的出现了问题，那么这些人觉得理当如此——谁让她那么强势呢？自作自受！

一个女人如果说拥有很高的学历，那么别的女人就会不自主地觉得她一定很傲慢，即使那只是一种应有的自信，但在她们看来那也是傲然不可一世。

一个女人如果"含着金汤匙"出生，那么不管她为自己的人生付出多么大的努力，她都会被说成一个不知民间疾苦、本身没有能力的千金小姐，而她今天所拥有的一切，都是"拜家庭所赐"。

一个女人如果非常漂亮，那一定会被别的女人说成是花瓶；如果胸部丰满、身材很好，那么鄙夷她"胸大无脑"的女人肯定要比男人多得多。

一个女人离了婚，无论谁对谁错、是什么原因，在别的女人看来，那几乎就是一桩丑闻，是女人不可抹去的耻辱——她一定有什么不可容忍的缺点，才会让人家给休了吧。

前不久看到这样一件事：

英国牛津大学有个女博士生吉儿，在知名益智节目中过关斩将，打破了个人答题数最多的纪录，红遍该国，被誉为是"全英最聪明的女性"。但这位叫吉儿的女孩也引起许多攻击，有人说她爱表现，有人说她自恃聪明的笑容令人讨厌，有人骂她是厉害的臭婆娘，有人说她狂妄自大……值得注意的是，骂她的人几乎清一色都是女性。针对这一点，吉儿说，她非常讶异。

凡此种种无一不说明，对于女人抱持着高度敌意的恰恰就是女人自己！事实上，古往今来，女人之间的明争暗斗，争风吃醋、甚至狠下毒手已然屡见不鲜。在古代，女人们因为没有独立的经济能力，她们依附在丈夫身边，所以对女人而言，丈夫就是天、是地、是一切，她们一生以及最高的追求就是得到丈夫的宠爱。出于这个原因，女人与女人之间为了争宠而展开争斗可谓触目惊心，其实在这场"不是你死就是我亡"的战争中，获胜的那个女人也未必就是笑到了最后。她们往往也因此耗尽了体力和心力，甚至整个人都已经斗得麻木，忘了幸福的滋味。

现如今的女人，看似越来越独立，甚至一些女人越来越强势，可这些并没有改变女人骨子里的善妒，一如顽固的脚气，一有适宜的温度和土壤它就又冒出来。当然，我们这样说或许有些绝对，的确也有一些美貌与智慧俱佳的女人，她们在看到比自己出色的女人时，或许也有那么一瞬间的妒忌，但她们很懂得调节自己的心态，能够很快地以积极的想法去面对比自己更优秀的女人，主动去汲取她们身上的优点和精华，更好地去修炼自己，如此一来，既愉悦了别人又提升了自己，世上多了一份和谐与美妙，于人于己都有裨益，我们又何乐而不为？

其实那些女人花了许多时间攻击别人，往往只是为了不要让自己相形见绌、心里好过一点。她们不愿意承认自己羡慕别人，而非要去攻击别人的优点，使得自己可以理所当然地维护自己的缺点。但切记，否定他人优点，自己无法成长，只会使自己越变越差；常对一件好事进行负面解析，不自觉地就会避开了自己积极进化的可能。女人们，何不敞开心扉，在羡慕那些聪明美丽的女人的同时，努力提升自己，找到自己的优势所在，这样才能做一个自信的魅力女人。

学会欣赏，这是人生重要的一课

有一个俄国农人，他的邻居因为家里有一头牛而比他富裕。有一次，这位农人救了一条神鱼，神鱼答应满足这个农人的任何一个心愿。这位农人指着邻居的楼房说："他比我富裕，就是因为他家有一头牛。"神鱼以为自己明白了农人的意思，就说："这好办，我给你10头牛。"哪知农人咬牙切齿地说："不，我不要你的牛，我要你把他家的那头牛杀死。"这是很典型的极不正确的应对忌妒的方式——不是通过让自己变得比别人更好来缓解忌妒，而是通过打压别人来寻求心理的平衡。如果说，忌妒这种情感与道德关系不大，那这种行为就大大地与道德相关了。这样的人，简直可以称得上是小人了。

其实，忌妒是人类正常的心理现象，但我们要将其有效地转化为奋斗的动力，而不是忌恨的"源泉"。我们应该尝试着放下累赘的包袱，带着祝福的心，欣赏别人的风景，憧憬自己的梦。

如果能够懂得欣赏别人而不是忌妒，那么在把慰藉和力量给予别人的同时，我们也把激励和鞭策给了自己。因为在欣赏别人的过程中，我们也能以人为镜，看出不足，找出差距，从而不断提高素质能力和修养水平。

学会欣赏别人，我们就不会活在别人的影子里，而是在欣赏的过程中得到升华，在欣赏中思考自己，寻找自己，正视自己，修正自己。善于理智地欣赏别人的人，总会得到更多人的欣赏和帮助，创造一个更适合个性发展的宽松、和谐又布满人情味的人际环境。

林先生与丁先生从小长到大，是无话不说的好朋友。大学毕业几年之后，机缘巧合之下，两人先后进入了同一家公司工作。

由于丁先生较早进入这家公司并且工作出色，因此在林先生熟悉公司业务的时候，丁先生经常带他，跟他讲解公司的规章制度，以及相关业务的操作流程。慢慢地，林先生熟悉了公司的业务，半年以后，他的业绩竟然超过了老同学丁先生。

作为公司的骨干人员，丁先生一下子就感觉到了巨大的压力，埋在心底的那颗酸葡萄发作了。因此，两人工作之余的话语变得越来越少。

林先生看出了老朋友的心病，于是决定帮他放下内心的包袱，所以时不时地就约他出来钓鱼。其间，林先生试探性地跟丁先生谈到工作上的事情，并且从自己的角度，给他提了几点建议。丁先生心里自然十分清楚，老朋友是真心想缓和两人之间的紧张关系，很快两个人又和好如初了。

在年终考核的时候，林先生的业绩遥遥领先，同事都对他心服口服。这个时候，部门经理的职位空缺，很多人都盯着这个岗位。最终，林先生通过竞争上岗得到了部门经理的位置。

现在两个人都互相帮助，共同享受着并肩作战的成就与快乐。

丁先生理性地调整自己的心态，克服自己的忌妒心理，才让自己的友谊与事业都得到了发展。

会欣赏别人的人是心胸宽广的，即使心里也曾泛过酸，但终究可以压制住。极度的忌妒者，他们受不了别人的成功，一切美好的东西都会引起他们的仇恨，他们忌妒别人的才能，忌妒别人的名誉，忌妒别人的地位，忌妒别人的财富，由忌生恨，从而使自己一直困在负面情绪之中。

这样活着，累不累啊？每个人都有自己的长处，也都有自己的短处，何必非要纠结于一时之长短呢？心里泛了酸，就努力去超越，脚踏实地地把自己的事做好比什么都强。

一次，一位成功学讲师在做了一番精彩演讲之后，有位男士从听众席上站了起来。他说："我很敬佩你，而作为男人，我也很忌妒你，将来，我一定要努力超过你。"这位男士的话音刚落，听众席上就响起了雷鸣般的掌声，而且持续的时间竟然超过了对演讲者的喝彩。

这是对人性的赞美和鼓励——既然人人都会忌妒，那我们就需要把它当成一种存在来尊重；表达一种不太光彩的情感，这种勇敢本身就是一种可贵的能力。而更重要的是，人性还有着另外一种品质，那就是永不服输的雄心壮志。后者的光辉，足以照亮前者的阴暗。

能够欣赏别人，就是战胜了自己。当你察觉自己的心中出现了忌妒情绪，不妨对自己说："我比不过你，我欣赏你还不可以吗？但我将来一定要努力超越你。"你如果能够一直这样对自己说，并且一直这样做，你会越发勇敢而强大。

4

逆流的鱼，是天生的命运

危险指数：★★★

命运有它的神秘的权杖，它可使用它的权
杖，打击我们的精神生活。如果你的精神世界
只种下了一棵软弱的芦草，就让它枯萎吧。

"受害者"的牢笼

一场考试或考核，无论程序多么公平，制度多么规范，落选者总是会说："这里面一定有黑幕！"而且，这种猜疑总是能赢得舆论共鸣。公司的晋升选拔，无论做得多么透明，总是会有那么一小撮人议论："这个人就是靠溜须拍马上去的"，或者"肯定给领导好处了！"在有关穷人富人的舆论争议中，这种心态表现得更明显，没有多少是非原则的认知，充斥着受害者的情绪发泄。这样的情绪状态，心理学上称为"受害者心理"。这是一种消极的应对问题方式，其本质上是一种逃避心理。有了"受害者心理"，很容易通过不断肯定自己的无辜，把责任推卸给他人，而不去解决问题。就像歌曲《为什么受伤的总是我》中唱的那样："为什么受伤的总是我，到底我是做错了什么……"

有两个年轻人同在一家卖场工作，其中一个已经在这里待了4年。他的朋友与他在柜台边交谈，他说，这家商店没有器重他，他正准备跳槽。在谈话中，有个顾客走到他面前，要求看看帽子，但这年轻人却置之不理，继续谈话。直到说完了，才对那位显然已不高兴的顾客说："这儿不是帽子专柜。"顾客问帽子专柜在哪儿，年轻人懒洋洋地回答："你去问那边的管理员好了，他会告诉你。"4年来，这个年轻人一直有很好的机会，但他却不知道。他本可以使每一个顾客成为回头客，从而展现出他的才能，但他却冷冷淡淡，把好机会一个又一个地损失掉了。

另一个年轻人则是新来的。这天下午，外面下着雨，一位老妇人走进卖场，漫无目的地闲逛，显然不打算买东西。大多数销售员都没有搭理她，而那位新来的年轻人则主动过去打招呼，很有礼貌地问她是否需要服务。老妇人说，她只是进来避避雨，并不打算买东西。这位年轻人安慰她说，没关系，即使如此，她也是受欢迎的。他还主动和她聊天，以显示他确实欢迎她。当她离开时，年轻人还送她出门，替她把伞撑开。这位老太太向这位年轻人要了一张名片，就走了。

后来，这个年轻人完全忘了这件事。但有一天，他突然被卖场总经理叫到办公室，总经理向他出示了一封信，是那位避雨的老太太写来的。老太太要求这家卖场派一名销售员前往英国，代表该公司接下一宗大生意。老太太特别指定这位年轻人接受这项工作。原来这位老太太是英国一位商界大鳄的母亲。这位年轻人由于他的热情、积极和平和的心态获得了一个极佳的晋升机会。

而那位在卖场工作4年的年轻人在得知有位新人获得这样一个大好机会以后，愤怒了，他逢人便说那人肯定是总经理家亲戚，说不准是他情人的弟弟呢，而他并不知道在那个年轻人身上发生了什么。

当然，这个年轻人之所以能获得了这个晋升机会，有一点偶然的因素，但有一句话一直都在提醒着每个人——机遇永远留给有准备的人。那些办事三心二意、干活投机耍滑的人，永远都不可能把机遇牢牢地握在掌心。就如第一个店员，他每天都牢骚满腹，甚至对顾客恶脸相向，即使他碰上的是英国首相式的人物，也不可能平步青云，弄不好反而会丢了工作。

其实，导致人与人之间生存境况存在的差异的因素就在这里，与其说人人都和你作对，不如说是你在和自己作对。然而那些有"受害者心理"的人永远不会这么想，他们有一整套歪曲的逻辑——不是我的问题，是别人不好；不是我的问题，是我小时候没这个条件；不是我的问题，是这个社会不公平。他们把自己困在思想的牢笼里，认为自己永远是好的，错误都是别人和社会的。其实，觉得世界不公平，本质上还是你不够强大，你还没有做得足够好。

如果你愿意，你总是可以掌控点什么。谁没有痛苦，谁没有纠结呢？除非你让自己深深陷入抱怨与自怜之中。只要你愿意用一种掌控者的心态，去重新面对自己的工作和生活，你会发现生活很快就发生了质的改变。

永不休止的抱怨

对于同样的生活，如果人们心怀抱怨的时候，他看到的一切都是灰色的，那么他的生活就总是消极、负面的；如果人们充满了满足、自信以及感恩，那么他的生活就是幸福和温馨的。这就是心态的不同所导致的不同结果。

小张大学毕业以后，进入一家公司的策划部门工作，连主管在内，策划部一共 5 个人。因为小张文笔好，很快受到经理的重视，公司的一些活动方案都交给小张起草。一般情况下，小张起草的活动方案，主管稍加改动，就会直接报给公司最高层，大多数都能通过审核付诸实施，但有时也会因某些公司领导的想法突然改变，重新进行调整。

有一次，公司要开展一次送温暖下基层的活动，起草方案的活儿自然落在小张头上。小张先与对方进行了联系沟通，详细地了解当地的情况和对方的需求，然后再根据公司的具体情况，很快起草完成整个活动的方案。方案送上去后，得到了公司高层领导的好评，说不愧是一份既详细周到，又节约实用的好方案。小张为此暗自得意了很多天。

可是，就在这次活动起程的头天夜里，小张已经睡下了，朦胧中手机铃声响了起来，是公司秘书小雯打来的。她告诉小张，公司领导临时改变决定，那份活动方案需要修改，要小张马上回公司。小张一看，已经是凌晨2点多了。"哪有这样折腾人的！"小张十万个不愿意，但又不得不拿起外套往公司赶，心里直抱怨公司的领导怎么会如此朝令夕改，并且完全不顾及员工的感受，还说什么以人为本。到了公司一看，主管也在。虽然很快完成了方案的修改，但大家都觉察出了小张的不满情绪。

也不知道为什么，自从这件事后，小张的心理发生了一些变化，他的抱怨开始多了起来，一点小事都会斤斤计较，慢慢地，抱怨的情绪逐渐占据了小张的内心。久而久之，同事们开始对小张产生意见，慢慢地疏远了他。公司领导也不再让他承担主要工作，而是叫他配合其他同事。

抱怨非但不能解决问题，反而还会让问题变得更加难以解决。小张的抱怨不仅降低了自己好不容易建立起来的印象分，对他的前途更是致命的打击。所以说，一味地抱怨对人们毫无益处，不会产生任何积极的力量，它只会让人们对生活愈加不满，从而失去生活的信心。

不如意的人和事随时会出现在我们的周围，一旦事情发生了，我们就会不开心，会忧虑紧张，会感觉到各种压力，但是我们不要抱怨，要做的就是积极调整自己的心态，以理智解决问题，最终就能够让自己的心灵得到放飞。

喜欢抱怨的人，对待事物总是持有一种消极的心态，不肯安于现状，一味地抱怨周围的人和事，而正是他的抱怨让他彻底失去了修成正果的机会。

实际上，人们之所以会有牢骚与抱怨，都是由于没有以正确的心态和角度来看待问题，所以才会牢骚满腹，抱怨不断。事物在人们心中的好坏，取决于人的心态，而不是事物的本身，正所谓"以我观外物，外物皆着我色"。那些总是抱怨的人，不妨转换一下自己的心态，让乐观充满自己的内心，那么幸福或许就会来到自己的身边。

不是命不同，而是心不同

在一个小县城里，有姐弟俩非常聪明，他们上小学时，因为学习刻苦，所以，他们在班里一向都是好学生。但天有不测风云，他们还没有小学毕业，父母之间就出现了感情危机。姐弟俩经常被吓得不敢回家。后来，父母离婚了，姐弟俩都被判给了父亲。不久，父亲就领回了一个女人。自从那个女人进门，姐弟俩经常被呼来喝去，有时甚至吃不上饭。有一次，后娘让弟弟倒脏水，姐姐看弟弟拎不动水桶就想去帮忙，后娘上去就是一巴掌，把姐姐打倒在地。吃饭时，后娘经常在菜里放很多辣椒，辣得姐弟俩直流眼泪。有一次，天气很冷，姐弟俩放学后一直等到天黑都进不了家门。邻居实在看不下去了，让他俩先到屋里暖和一下，可姐弟俩说什么都不敢去。就是在这种环境下，姐姐学会了和后娘作对，学习成绩也慢慢地滑了下来，大学没考上，只好当了一名工人。而弟弟却一直没有放弃自己的学业，有一次，父亲把一个橘子放在他的桌子上，他都没有看见，过了很久父亲偶尔进了他的房间才发现那个橘子已经腐烂了。从小学到高中，他的成绩一直都没有下到过第三名，并且一直都是班干部，在班里的人缘也一直很好。高中毕业后他以优异的成绩考入大连舰艇学院，并被保送研究生。读大学期间，他用自己挣来的钱供养生母，还时常寄一些补品给后娘。

同样是一个父母所生，同样生活在家庭不幸的阴影里，姐姐的前途被毁了，弟弟却前途一片光明。原因在哪儿？就在心态。姐姐在困境中，心态变得脆弱而易怒，弟弟却能隐忍，始终以一个目标为奋斗方向，把其他的一切都抛在脑后，并且随着年龄的增长，学会了宽容和谅解。

你的胸怀有多大，你的前途就有多大。做人，要有一种隐忍、宽容和不断进取的心态，否则你的前途就将毁在自己手里。

前几年，一场"大学生马加爵杀人案"在全社会上闹得沸沸扬扬，教育界展开了一场大讨论。本来是一个"天之骄子"，可以有美好的前途，为什么会在一瞬间变成残忍的凶手？世人也为之震惊。

马加爵本来是广西一个小山村里的土娃子、乖娃子。在乡亲们的印象里他是一个内向的、好学的好孩子，他们怎么也不可能把这样的一个孩子和"杀人犯"联系在一起。可是，这终究是事实。经过了解，马加爵是那个家族里的老小，依照老规矩，他算是家里的宝贝，亲戚们也都宠着他、惯着他，再加上他聪明好学，大家更是为有这样一个宝贝而喜不自禁。所以，他虽然生活在小山村，但一直都没受过什么打击，在别的孩子眼里，他更是优越得令人羡慕。考上大学之后，他才发现他很穷，许多条件都与别人有太大的差距。这种感觉使他的心理形成极大的自卑感，他变得孤僻、冷漠、易怒、忌妒，甚至无法控制自己的不良情绪，终于在一次玩扑克过程中，同学的几句话就让他心理上受到了极大的打击，并做出杀人、肢解尸体的事。

可见，心态上的消极因素占主导地位时，会给一个人的行动造成多大的影响！做任何事都不能太情绪化，特别是年轻人，因为年轻气盛，许多人都容易暴躁而难以自制。但人在年轻的时候正是可以大有作为、前途一片光明的时候，如果你不能很好把握自己的心态，光明的前途就将与你无缘。

命运的反转

一个具有高智商的人未必就能完全掌控自己的命运，没有良好的心态做辅助，智商再高的人也只会受到生活嘲弄。

随着经济改革大潮的冲击，山城有一家纺织厂因经济效益不好，决定让一批人下岗。在这一批下岗人员里有两位女性，她们都是40岁左右，一位是大学毕业生，工厂的工程师，另一位则是普通女工。就学历而论，这位工程师的学历无疑超过了那位普通工人，然而，在下岗这件事上，她们的心态却大不一样，而正是这种不同的心态决定了她们以后不同的命运。

女工程师下岗了！这成了全厂的一个热门话题，人们议论着、嘀咕着。女工程师对人生的这一变化深怀怨恨。她愤怒过、骂过、也吵过，但都无济于事。因为下岗人员的数目还在不断增加，别的工程师也下岗了。尽管如此，她的心里也还是不平衡，始终觉得下岗是一件丢人的事。她整天都闷闷不乐地待在家里，不愿出门见人，更没想过要重新开始自己的人生，孤独而忧郁的心态抑制了她的一切，包括她的能力。她本来就血压高，身体弱，再加上下岗的打击，没过多久，她就被忧郁的心态打败，孤寂地离开了人世。

而那位普通女工的心态却大不一样，她很快就从下岗的阴影里解脱了出来。她想别人下岗能生活下去，自己也能生活下去。她平心静气地接受了现实，并在亲戚朋友的支持下开起了一个小小的火锅店。由于她经营有方，火锅店生意十分红火，仅一年多，她就还清了借款。现在，她的火锅店的规模已扩大了几倍，成了山城里小有名气的餐馆，她自己也过上了比在工厂时更好的生活。

一个是能力高的工程师，一个是能力一般的普通女工，她们都曾面临着同样的困境——下岗，但为什么她们的命运却迥然不同呢？原因就在于她们各自的心态不同。

女工程师的心态始终处在忧郁之中，这样的心态使得她对自己的人生不可能作出一个理智的评价，更不可能重新扬起生活的风帆。她完完全全沉溺在自己的不幸之中。一个人一旦拥有了这样的心态，其能力就犹如明亮的镜子蒙上了一层厚厚的灰尘，根本就不可能映照万物。所以，尽管女工程师有能力，但在面对生活的变化时，她的心态却阻碍了能力的发挥。不仅如此，她的心态还把她引向了毁灭，另一位普通女工的能力虽然一般，但她平和的心态不仅使自己的能力得到了淋漓尽致地发挥，而且还使其以后的生活更加幸福。

正如西方一位心理学家所说：

心态是横在人生之路上的双向门，人们可以把它转到一边，进入成功；也可以把它转到另一边，进入失败。所以，有能力不如心态好，只有好的心态才能调动能力向着成功的方向迈进。

人生真正的厄运是绝望

有个突然失去双亲的孤儿，生活过得非常贫穷，今年唯一能让他熬过冬天的粮食，就只剩下父母生前留下的一小袋豆子了。

但是，此刻的他，却决定要忍受饥饿。他将豆子收藏起来，饿着肚子开始四处捡拾破烂，这个寒冬他就靠着微薄的收入度过了。也许有人要问，他为什么要这么委屈或折磨自己，何不先用这些豆子充饥，熬过了冬天再说？

或许，聪明的人已经猜到了，原来整个冬天，在孩子的心中充满着播种豆苗的希望与梦想。

因此，即使这个冬天他过得再辛苦，他也不曾去触碰那袋豆子，只因那是他的"希望种子"。

当春光温柔地照着大地，孤儿立即将那一小袋豆子播种下去，经过夏天的辛勤劳动，到了秋天，他果然得到丰富的收获。

然而，面对这次的丰收，他却一点也不满足，因为他还想要得到更多的收获，于是他把今年收获的豆子再次存留下来，以便来年继续播种、收获。

就这样，日复一日，年复一年，种了又收，收了又种。

终于，孤儿的房前屋后全都种满了豆子，他也告别了贫穷，成为当地最富有的农人。

凡是看得见未来的人，也一定能掌握现在，因为明天的方向他已经规划好了，知道自己的人生将走向何方。

只是我们太多的人在厄运面前丧失了希望，其实厄运往往是命运的转折，你战胜它就能成就新的命运，而一味埋怨、自暴自弃，厄运就不会成为幸运。所以，当你感到彷徨无助，甚至想要自我放弃时，不妨想想卡夫卡的那句话——"不要绝望，甚至对你并不感到绝望这一点也不要绝望。恰恰在似乎一切都完了的时候，新的力量毕竟要来临，给你以帮助，而这正表明你是活着的。"

参观过美国历史博物馆的朋友可能知道，在这座博物馆内珍藏着一个橡皮棍。它是一个极其普通的"橡皮棍"，保洁工人曾经用它来清洁纽约世贸大厦的窗户。

那么，堂堂的美国历史博物馆，为什么会收藏这么一个极其普通的橡皮棍呢？

这里有一个故事，时间要追溯到 2001 年 9 月 11 日，这一天对于世界各国一切爱好和平的人民来说，尤其是对于美国人民而言，是一个充满恐怖和哀伤的日子。当恐怖分子劫持的第一架飞机撞向世贸大厦时，正在运行的一部电梯在突如其来的爆炸声中停止了工作，瘫痪在了北楼的第五十层。有6位乘客被困在了电梯中，其中一位是清理大楼窗户的保洁工人，名叫丹姆克·佐尔。他们齐心协力地把电梯门扒开，可是，出现在他们眼前的不是出口，而是根本无法逃生的一堵墙。

就在大家陷入无可奈何之际，丹姆克·佐尔急中生智，用橡皮棍敲了敲那堵墙，从而断定它并不是由混凝土浇灌而成的。于是，他拆下橡皮棍上的刀片，并用它在墙上使劲地凿了起来。45分钟之后，他们终于凿出了一个逃生的洞口。6个人马上从洞口钻了出去，然后顺着楼梯往下跑。在他们跑出北楼还不足5分钟的时候，大楼就轰然倒塌了。在危急关头创造出这个逃生奇迹的关键工具，正是这个极其普通的橡皮棍。它因此被作为美国"9·11"事件的历史见证，被永久地珍藏在美国历史博物馆。

这根极其普通的橡皮棍不单单是一种历史见证，它更告诉我们：我们这一生所要走的路，基本不会是一条笔直平坦、风和日丽的康庄大道，不知道什么时候，生命中的暴风雨就会降临，但即便如此我们也不能放弃，无论身处何种危险境地，我们都不可以放弃心中的希望。其实所谓厄运并没有那么可怕，它虽然能给意志薄弱者以致命的打击，但对于意志坚强者更是一种锤炼。人应该具有这样一种气概：以淡定从容来应对凄风苦雨，以无所畏惧来迎接魑魅魍魉。那么对你来说，人生便不会再有不可突破的绝境，因为人生真正的厄运是绝望，而不是厄运本身。

危难里不是只有危机

　　总从坏的一面看问题是一种悲观心态，它会抑制你的进取心，让你被忧虑侵蚀，因此我们一定要战胜这种不良心态。

　　一场大水冲垮了小雅家的泥屋，家具和衣物也都被卷走了。洪水退去后，她坐在一堆木料上哭了起来：为什么她这么不幸？以后该住在哪儿呢？镇里的表姐带了东西来看她，她又忍不住跟表姐哭诉了一番，没想到表姐非但没有安慰她，还斥责起她来："有什么好伤心的？泥房子本来就不结实，你先租个房子住段时间，再盖个砖瓦的不就好了！"

　　小雅就是生活中的悲观者的代表，他们遇事总是拼命往坏的一面想，自找烦恼，死钻牛角尖，不问自己得到了什么，只看自己失去了多少，结果情况越来越糟糕，心情越来越低落。其实任何事情都有坏的一面和好的一面，如果能从积极的方面看问题，那么就会有一个截然不同的结果，做起事来也就会更加得心应手。

一个公司的总裁因自己年事已高，想要找一个合适的人选接替自己的位置，却一直都没有合适的人出现。一天，他开车回老家碰上了一个年轻的小伙子正喜气洋洋地庆贺自己的新房落成。满院子挤满了前去庆贺的老乡，大家举杯交盏，一派热闹景象。这位总裁也前去凑热闹，正当大家都开怀畅饮时，只听轰隆隆一声巨响，新盖的房子塌了下来。所幸的是并没有人受伤。这时年轻人的父母号啕大哭，众乡亲也为这年轻人叹息，没想到年轻人举起酒杯对大家说："没关系，这房子塌了，说明我将来一定会住上比这更好的房子。如果不塌，说不定我一辈子都得住在这房子里，不想努力了呢！来，为我今后更好的生活干杯！"乡亲们听他这么一说也都不再叹息了，大家继续畅饮一直闹到了晚上。总裁回到家说起这事，才从家人的口中得知：这位年轻人高考失败后，出门打工，并用自己挣来的钱养活父母，给自己盖房子。其中，他吃了不少苦，但从来没听说他消极过。于是，这位总裁回公司之后，马上就给这个年轻人写了一封信，请他到公司任职，并不断地培养他。总裁退休时极力推荐这位青年，却遭到了董事会的一致反对。因为，董事会成员认为这位年轻人学历和阅历都不够，不足以胜任总裁之职。但这位总裁说："一个人的学历和阅历可以慢慢学、慢慢增长。但一个人的乐观心态是不可能在短时间内树立起来的，我选择他正是因为我知道他不管在什么情况下都不会对自己失去信心，更不会对公司失去信心。"最终，他赢得了董事会成员的认可，并在以后的日子里引领公司在纷繁复杂的商业大潮中树立起了自己的品牌。

一个人能够笑对灾难，就更能够轻易获得机遇之神的垂爱。因为谁都喜欢微笑着的面孔，包括机遇。

出现危机并不可怕，可怕的是被危机吓得跌倒在地，自暴自弃。危机未必就是坏事，它有时反而会成为一个新的契机。所有的坏事情，只有在我们认定它不好的情况下，才会真正成为不幸事件。

所以，凡事多往好处想，面对阳光，你就看不到阴影。只要凡事肯向好处想，自然能够转苦为乐、转难为易、转危为安。

折只船，渡自己到对岸

每一个有灵性的生命都有心结，心结是自己结的，也是自己解的，生命就在一个又一个的心结中成熟，然后再生。

我们这一辈子，它短暂也好、漫长也好，都需要我们用心去感悟、用心去品味、用心去经营。人生是一个在摸索中前进的过程，既然是摸索，就免不了有失误，免不了要受挫折，事实上，没有人能够不受到一丝严寒、不受一丝风霜地走完人生。只不过，在相同的境况下，人们不同的心态决定了各自的人生成败。

其实，生活的现实对于我们每个人本来都是一样，但一经各人不同"心态"的诠释后，便代表了不同的意义，因而形成了不同的事实、环境和世界。心态改变，则事实就会改变；心中是什么，则世界就是什么。心里装着哀愁，眼里看到的就全是黑暗，抛弃已经发生的令人不痛快的事情或经历，才会迎来好心情下的乐趣。

也就是说，心情的颜色会影响世界的颜色。如果我们，对生活抱有一种达观的态度，就不会稍不如意便自怨自艾，只看到生活中不完美的一面。我们的身边大部分终日苦恼的人，或者说我们本人，实际上并不是遭受了多大的不幸，而是自己的内心素质存在着某种缺陷，对生活的认识存在偏差。

有位朋友前去友人家做客，才知道友人 3 岁的儿子因患有先天性心脏病，最近动过一次手术，胸前留下一道深长的伤口。

友人告诉他，孩子有天换衣服，从镜中看见疤痕，竟骇然而哭。

"我身上的伤口这么长！我永远不会好了。"她转述孩子的话。

孩子的敏感、早熟令他惊讶，友人的反应则更让他动容。

友人心酸之余，解开自己的裤子，露出当年剖腹产留下的刀口给孩子看。

"你看，妈妈身上也有一道这么长的伤口。"

"因为以前你还在妈妈的肚子里的时候生病了，没有力气出来，幸好医生把妈妈的肚子切开，把你救了出来，不然你就会死在妈妈的肚子里面。妈妈一辈子都感谢这道伤口呢！"

“同样地，你也要谢谢自己的伤口，不然你的小心脏也会死掉，那样就见不到妈妈了。”

感谢伤口！——这四个字如钟鼓声直撞心头，那位朋友不由低下头，检视自己的伤口。

它不在身上，而在心中。

那时，这位朋友工作屡遭挫折，加上在外独居，生活寂寞无依，更加重了情绪的沮丧、消沉，但生性自傲的他不愿示弱，便企图用光鲜的外表、强悍的言语加以抵御。隐忍内伤的结果，终至溃烂、化脓，直至发觉自己已经开始依赖酒精来逃避现状，为了不致一败涂地，才决定举刀割除这颓败的生活，辞职搬回父母家。

如今伤势虽未再恶化，但这次失败的经历却像一道丑陋的疤痕，刻画在胸口。认输、撤退的感觉日复一日强烈，自责最后演变为自卑，使他彻底怀疑自己的能力。

好长一段时日，他蛰居家中，对未来裹足不前，迟迟不敢起步出发。

朋友让他懂得从另一方面来看待这道伤口：庆幸自己还有勇气承认失败，重新来过，并且把它当成时时警惕自己，匡正以往浮夸、矫饰作风的记号。

他觉得，自己要感谢朋友，更要感谢伤口！

我们应该佩服那位妈妈的睿智与豁达，其实她给儿子灌输的人生态度，于我们而言又何尝不是一种指导？人生本就是这样——它有时风雨有时晴，有时平川坦途，有时也会撞上没有桥的河岸。苦难与烦恼，亦如三伏天的雷雨，往往不期而至，突然飘过来就将我们的生活淋湿，你躲都无处可躲。就这样，我们被淋湿在没有桥的岸边，被淋湿在挫折的岸边、苦难的岸边，四周是无尽的黑暗，没有灯火、没有明月，甚至你都感受不到生物的气息。于是，我们之中很多人陷入了深深的恐惧，以为自己进入了人间炼狱，唯唯诺诺不敢动弹。这样的人，或许一辈子都要留在没有桥的岸边，或者是退回到起步的原点，也许他们自己都觉得自己很没有出息。

但有些人则不然！患上卢伽雷氏症，无法言语、无法动弹的史蒂芬·霍金，原本万念俱灰，他觉得自己被上帝宣判了死刑。但有一天他突然意识到，如果还能活着，他还能做许多有价值的事情。于是他点亮了自己的心灯，给自己折了一只思想的船，驶进了神秘的宇宙，去探索星系、黑洞、夸克、"带味"的粒子、"时间"的箭头……

我们就是希望一些朋友能够像霍金先生那样，在醒悟以后丢掉自己的懦弱，趁着年华还在，点燃心灯，照亮河岸，折只船，将自己摆渡到河的对岸。这只船，承载的可以是你的求生本能，可以是你的某种欲望、希望或者说心愿，实在无所寄托的人，哪怕是给予自己一些幻想，也要将这只船折上——因为，人的一生正如他一天中所设想的那样，你怎样想象，怎样期待，就拥有怎样的人生。

5

越爱越孤独

危险指数：★★★

真正的爱情之路并不平坦。爱情只有当它
自由自在时，才会叶茂花繁。认为爱情是某种
义务的思想，只能置爱情于死地。

你爱错了人，责任在你

在对的时间遇到对的人，得到的将是一生的幸福；在错误的时间里遇到错误的人，换回的可能就是一段心伤。在感情的故事里，有些人你永远不必等，因为等到最后受伤的只会是自己。

错了的，永远对不了。不该拥有的，得到了也不会带给你快乐。任何人在选择自己的爱人时都应该仔细想想，不要苛求那份本不该属于你的感情。现实是残酷的，一旦让感情错位，你所得到的结果就只会是苦涩。你爱错了人，责任在你。

王燕大学毕业后不久就与男朋友翟云同居了，可是令她没有想到的是，翟云竟背着她跟在法国留学的前任女友藕断丝连；后来在前女友的帮助下，翟云很快就办好了去法国留学的签证，这时一直蒙在鼓里的王燕才知道事情的真相，就在她还未来得及悲伤的时候，翟云已经坐上飞机远走高飞了。没有了翟云，王燕也就没有了终成眷属的期待，她决心化悲痛为力量，将业余时间都用在学习上，准备报考研究生，她想充实自己，也想在美丽的校园里让自己洁净身心。

　　可是就在这时她发现，她怀上了翟云的孩子，唯一的方法是不为人知地去做人工流产，而她的家乡并不在这里，她实在找不到可以托付的医院或朋友。

　　她的忧郁不安被她的上司杜经理发现了，一天，下班后办公室里只剩下王燕一个人时，杜经理走了进来，他盯着她看了好半天，突然问起了她的个人生活。这一段时日的忧郁不安使王燕经不起一句关切的问候，她不由得含着眼泪将自己的故事和盘托出。第二天杜经理便带她到一家医院，使她顺利做完了手术，又叫了一辆出租车送她回到宿舍，并为她买了许多营养品。

　　从那以后，她和杜经理之间仿佛有了一种默契，因为已让他分担了生命中最隐秘的故事，她不由自主地将他看作是她最亲密的人了。有一天，她在路上偶然遇到杜经理和他爱人，当时他爱人正在大发脾气，杜经理脸色灰白，一声不吭，他见到王燕后，满脸尴尬。

　　第二天，杜经理与她谈到他的妻子，说她是一家合资企业的技术工人，文化不高收入却不低，在家中总是颐指气使，而且在同事和朋友面前也不给他留面子，他做男人的自尊已丧失殆尽。说着说着，他突然握住她的手，狂热地说："我真的爱你。"她了解他的无奈和苦恼，也感激他对她的关心和帮助，虽然明知他是有妇之夫，但还是身不由己地陷了进去。

　　不知是出于爱的心理还是知恩图报，反正她从此成了他的情人，他对她说得最多的一句话就是："我是真的喜欢你，你放心，我很快就会办离婚。"可是从来不见他开始行动，她心里明白，他不可能离开老婆孩子，但只要他真心爱她，她可以等待。

他们经常在办公室里幽会，时间一过就是两年，她无怨无悔地等了他两年。一天晚上，当杜经理正狂热地亲吻她时，办公室的门突然被撞开了，单位里另一个科的陶科长一声不吭地在门口站了一会儿，一言不发就走开了。杜经理顿时脸色惨白，原来，陶科长正在与他争夺晋升副局长一职，可见他处心积虑地窥探他们已有多时。杜经理惊慌失措，仓皇地离她而去。她预料到会有事情发生，果然，他捷足先登，到上级那里交代，他痛心疾首地说自己一时糊涂，没能抵挡住她投怀送抱的诱惑。

她气愤至极，赶到他家里要讨个说法，她毕竟涉世未深，她还是个女孩子，他爱人不明所以，把她让到书房，不一会儿，她看到杜经理扛着一袋大米回来了，一进门就肉麻地叫着他爱人的小名，分明是一位体贴又忠诚的丈夫。然后直奔厨房，系起了围裙，等他爱人好不容易趁他有空告诉他有客人来了时，他甩着两只油手，出现在书房门口，一见是她，大张着嘴半天说不出一句话。

刹那间，她的心泪雨滂沱，为自己那份圣洁的感情又遭践踏，也为自己的真心错许眼前这个虚伪软弱的男人，所有的话都没有必要再说，她昂首走出了房门。

自尊心很强的她带着一身的创伤，辞职离开了这个给了她太多伤心的城市，从此开始了漂泊的生活。

在男女的特定关系中，最难用是非对错来衡量，更多的却是心智、策略和手段的较量与契合，有时等待是合理的，有时等待就是一种浪费，比如爱上有夫之妇或者有妇之夫，这样的等待，时间越长，伤害就越大。在婚外恋中，当事人并非不知什么是应该做的，什么是不应该做的，其实他们心中是雪亮的，只是有时是身不由己，有时是故意与自己过不去。

很多人因为受到了伤害或是因为一时的寂寞，盲目地陷入了本不属于自己的爱情，可能选择了一个并不适合自己的人，也可能爱了一个不该爱的人，结果，只会让自己越爱越孤独，越爱越寂寞。爱情还是需要一些理智的，不要因为寂寞而爱错了人，更不要因为爱错人而寂寞一生。爱情里原本没有绝对的对与错，但明明知道对方不该爱，还一头扎进去，那么伤害的就不仅仅是你自己了。

向你的旧伤问好

只要真心爱过，分离对于每个人而言都是痛苦的。不同的是，聪明的人会透过痛苦看本质，从痛苦中挣脱出来，笑对新的生活；愚蠢的人则一直沉溺在痛苦之中，抱着回忆过日子，从此再不见笑容……

小菲失恋了，她没有大把的金钱去欧洲旅游散心，于是便躲进了自己的世界里。不上班的时候，她就一直蜷缩在自己的房间里，抱着抱枕发呆，鼻子上危险地架着不断下滑的眼镜，床上到处扔着擦了鼻涕的纸巾。

她的情绪一直起伏不定，心里一直想着那个离她而去的男人，几乎时时刻刻。她想着在一起时他的温柔与体贴，想到自己从心里笑出来；她也会想到他的坏脾气和大男子主义，想到自己的心打了几个结。她甚至有意地不让自己面带笑容，她觉得失恋应该是痛苦的、无法快速摆脱的。

有时清早醒来，她会告诉自己没有什么大不了的，一个人也可以生活得很好，甚至觉得应该再找一个男人恋爱了。可是一转眼，她就开始回忆起过去的点点滴滴，心一次又一次地纠在一起，疼痛，无以复加。

在小菲看来，自己与他还有些千丝万缕的关联。她极端地怀念已经逝去的爱情，虽然那只是残破的浸满泪珠子的回忆。在小菲的世界里，任何风景都变得悲伤起来。节日里，她觉得唯独自己是个悲伤的小角色，听着撕心裂肺的歌曲，脚步拖沓地走在马路上，行尸走肉一般没有任何表情，只有皱起的眉头和水汪汪的眼珠子配合着寒冷的天气透着忧郁。

爱情面前，不要轻易说放弃，但放弃了，就不要再介怀。经不起考验的爱情是不深刻的。爱情里，爱的不仅仅是对方，还有自己。对不珍惜你的人，不需要由他（她）说对不起，你要主动说"对不起"，潜台词是——拜拜！

不爱了就不要一直怀念，纠缠不休，哭着喊着不肯离去的人最卑微。甚至更过分的，有的人还会去毁掉自己的旧恋人——我爱不成你，怎能让别人去爱？那种阴暗的心理昭然若揭，虽然是少数，但总归触目惊心。

爱不要爱得迷失，更不要爱得极端。不能爱了，就把他当作窗前走过的马蹄声，就把他当作驿路上一棵经过的树，就把他看成你生命里的过客，如果可以，送上一点祝福，念一句"只要你过得比我好"。

爱不是单一的狙击

张晗晗是北京一家国企的高级白领，工作业务突出，长相清新秀丽，虽然已年满三十，却一直名花无主，原因是她这个人太矜持、太端庄了，总给人以拒人千里之外之感。所以，虽然各方面条件都属不错，但却鲜有男士敢轻易接近她。

然而，她在同事心目中的形象却在一次旅行中被彻底颠覆了。

去年十一黄金周期间，公司组织员工前往藏区旅游。初到美丽的大草原上，同事们异常兴奋，说笑不断，而平时并不孤僻的张晗晗却突然变得寡言少语。原来，她的眼睛一直在盯着不远处一个放牧的藏族小伙。那个小伙个子高高，肌肉强健，古铜色的皮肤彰显着健康。不多时，小伙子翻身上马，飞奔而去，动作一气呵成，张晗晗的眼睛里简直要放出光来了。此后的张晗晗一改往日矜持、端庄的模样，与同事大谈这个小伙的气质与风度，甚至直言不讳地说自己已经爱上这个小伙子了。

为了凑成张晗晗的好事，同事们帮助她找到了这个小伙。让大家跌破眼镜的是，这个小伙只是一个普通牧民，只是身材健硕，长相也非常普通，而且文化程度较低，与其交流十分困难。但张晗晗并不在意这些，她一口咬定，藏族小伙就是自己命中注定要找的那位"白马王子"。接下来的时间里，张晗晗根本无心游览，她只有一个念头，就是向小伙子吐露心声，并且表示非他不嫁，这让刚刚二十出头的藏族小伙不知如何是好。

这突如其来的事件让同事们也慌了神，公司领导立即与张晗晗家人取得联系，并匆匆结束行程，返回北京。可回到北京的张晗晗依然"意乱情迷"，她每天都要念叨几次这个藏族小伙的名字，称永远无法忘记他翻身上马那奔放不羁的动作，还向父母表示一定要再见一见他。

正值婚龄的男男女女，偶遇一段缘分，如果能够好好把握，结成一段美好的姻缘，自然是好事。然而，如果这段姻缘是不现实的，又或者为此做出了过激行为，比如执着于单方面的愿望，并为此不惜一切代价，又比如死缠烂打、寻死觅活，这就是一种心理障碍了，医学上称为"情爱妄想症"，这是一种非正常心态，而并不是爱情。

从心理学的角度上说，个体对异性产生的美好幻觉，是预先潜藏在心底的，偶遇与内心中的那个他（她）相似的个体，好感便会被激发。但正常情况下的一见钟情，只是对对方的气质、外貌等产生好感，在没有进一步了解的情况下，是不会贸然采取行动的。但是，在现代都市中，已经有越来越多的"情爱妄想症"被人们误认为是一见钟情，这并不是正常的，也是带有一定危险的。

曾看到这样一条社会新闻：

某厂职工薛某，对已婚女同事周某一见钟情，多次直诉情怀，多次被婉转拒绝。于是，他不断地给对方打骚扰电话，对方不堪忍受，将情况反映给了厂领导，薛某被辞退。但从这以后，他开始在周某上下班的必经之路上拦着对方表白，在被周某的亲友教训以后，他潜入对方家中，欲要杀害周某的丈夫，所幸未能得逞。面对司法人员，他的理由是：她其实是喜欢我的，只是她摆脱不了世俗束缚，她太犹豫了，不敢离婚，我要帮她脱离苦海……

而该厂的员工都可以做证，周某的家庭其实很幸福，从没有对他有过任何的暧昧表示，是他一直在骚扰人家的正常生活。显然，与张晗晗相比，周某的"情爱妄想症"要更严重，已经到了心理扭曲的地步，他偏执地认为对方已经爱上了自己，但实际上这只是他的一厢情愿，当自己幻想出来的爱情遭遇阻碍时，他开始恼羞成怒，做出一些异常的举动，甚至不惜触犯法律。

"一见钟情"本是件浪漫的事，生活中，不乏一见钟情终成眷属的佳话。然而，因"一见钟情"导致"相思成灾"，就真的不正常了。诚然，幻想里面有优于现实的一面，现实里面也有优于幻想的一面，完满的幸福应是将前者与后者的合二为一。而不是让幻想失去控制，变成妄想、狂想，这无论对想象者本人和被想象的对象来说，都是不幸的。

事实上，在现代都市中，类似的现象并不少见。他们在现实生活中可能受到了挫折，也可能是因为感情问题不顺利，便会不知不觉地将自己的期望寄托到某个人身上，这个人可能是熟人，可能是陌生人，也可能是偶像明星。他们靠着这种安全而有距离的妄想，体会着爱情中的各种感觉，大部分是可以自己控制的，少数严重的会失去控制。

而类似张晗晗这样的人，是需要诚实地面对自己的内心，要诚实地倾听别人的意见，而不是自动过滤掉自己不爱听的东西，专门挑符合自己逻辑的话。要知道自己的状态是有问题的，要用行动去解决自己的问题。要认识到，爱情并不是存在于空幻才完美，事实上，现实中鸡毛蒜皮、喜怒哀乐样样都有爱情，如果有可能，尽快将自己投入到真正的爱情中去，感受现实中的喜怒哀乐，这会让你的心无暇幻想。

当然，如果只是轻度幻想，只把这作为一个美好的秘密珍藏起来，不影响自己正常的生活和工作，也不影响他人，而且幻想在自己的控制范围之内，那么，保留着一些粉红色的梦，只是作为生活的调剂，也是无可厚非的。

无法呼吸的爱

爱是一种生命，它同样需要喘息，需要空间，需要自由，需要你放手让它去飞翔。爱的红线不能绷得太紧，否则终有一天彼此会感到疲惫，而线也会随之绷断。

欧阳文强和陈妍霞是大学同学，二人相恋 3 年，最后携手走进了婚姻的殿堂。婚后的生活开始很幸福，陈妍霞就像影子一样，一直追随在欧阳文强的身旁。她曾幸福地说："我要做他的影子，只要他需要我，随时就能找到我。"

然而出人意料的是，他们竟离婚了！欧阳文强告诉朋友："其实我们彼此还深爱着对方，但是这份爱让我太过疲惫，

我只能选择放手。"

当朋友问及缘由时，欧阳文强回答："男人需要应酬，或多或少都要喝点酒，可是她反对，于是我就戒酒。在她面前，只要是不突破底线的事情，我从不坚持。我知道她这是为我好，我应该给予她相应的尊重，久而久之这便成了她的一种习惯，她一直左右着我的生活。或许在她看来，唯有如此才能说明她在我心中的重要。"

"于是你厌烦了，想要摆脱？"朋友问道。

"不，若是如此我们根本不可能将婚姻维持到今天。而且，这种情况下我该感到解脱才对，可为什么心中还会隐隐作痛呢？"

原来，婚后不久欧阳文强去了一家外资企业，而陈妍霞去了政府部门，工作强度照欧阳文强相去甚远，欧阳文强为了赶任务经常需要加班，而陈妍霞一直很清闲。最初，陈妍霞只是抱怨，抱怨欧阳文强没有时间陪她。时间久了，这种抱怨逐渐升级为猜忌。他加班回家晚，她就等着他，他不回来她绝不睡觉。他回来以后，她就趁着他洗澡的间隙去翻他的口袋、嗅他的衬衣、翻看他的手机……看看能否从中找到一些证据。他上班时，她每天都要打几个电话"关心"一下，却从不顾及他的感受。再后来，她甚至会因为朋友间的一个玩笑信息，追着他盘问半天。

时间久了，他累了，她也累了，生活、事业重重压力之下他实在疲于花费精力去解释，既然两个人在一起猜忌多过于开心，不如暂时分开让彼此冷静一下。一段时间以后，他找到她，希望两个人能够重新开始，重新找回以往的甜蜜、温馨与信任。但是，她拒绝了，她之所以拒绝不是因为不爱，而是因为无法面对，她无法面对他，更无法面对自己，她不知自己被什么迷了心窍，竟去无端猜忌一个如此深爱自己的男人。是她害得他离开，是她害得自己疲惫不堪，她不知该如何去面对这一切，所以只能选择从他的世界中消失……

你是否也曾做得有些过火，将爱禁锢在自己编织的鸟笼中，让他感到无法呼吸？生活中有很多人认为，爱就是紧紧相拥，不留一点空隙，因为一旦有了距离，爱也就疏远了。其实爱情与人一样，需要起码的空间、氧气作为生存条件。将爱紧紧攥在手心里，爱情的一方必然会感到压力十足、会感到难以喘息，这只会逼迫他去逃离。

所以，爱人们，请给予爱适当的空间，松开你紧紧攥着的手，你会发现生活原来如此轻松、如此写意。给予爱一个自由呼吸、自由舒展的空间，你会发现爱情之花开得更加娇艳。

爱人就像彼此手中的一把细沙，抓得越紧，丢得越快、越多，所以别把爱人看得太紧，给他一片自由的天空，这样你也许会得到更多。要知道，彼此都留点私人空间才好。

常相疑如何长相知

俗语说:"物极必反。"管得太死,就会使对方产生逆反心理,对方不仅不认为这是爱的表现,反而觉得你太多疑,对自己不信任。你整日疑神疑鬼,他(她)整日提防你,这样的爱会累死人的,在如此狭小的空间里,爱情之火就会窒息的。

其实对爱人的猜疑,不少人都有过,只不过轻重不一,有些人的猜疑心过重,甚至喜欢捕风捉影,听风就是雨,常常给自己树立一个假想敌,对方一有单独外出的机会,或者电话什么的,就怀疑是与情人约会、与情人通话,搞得双方心里都很紧张。我们希望爱人对自己坚贞,希望爱人对自己纯真的心理是正确的,然而过分地看重这一原则,就会对爱人的言行很敏感,正如鲁迅所说的那样,"见一封信,疑心是情书;闻一声笑,以为是怀春了;只要男人来访,就是情夫;为什么上公园呢?总该是赴密约。"而现在呢?上网就是与情人聊天,打电话就是与情人联络感情;外出就是与网友约会,仿佛爱人的一切行动只为了一个目标——寻找外遇。

其实大可不必如此紧张，所有的事情自然有它的游戏规则，哪怕通信、科技再发达，家庭的存续恐怕也不会消失，爱人是以信任为基础的，信任是对爱人最好的尊重，要相信自己的爱人是一个能够正确处理各种事务的人，是一个有着正常判断力的人，是一个懂得感情、懂得尊重、懂得自尊的人，要将爱人当一个真正的有独立人格的人看待。当我们看到爱人的某一行为，如有些女人看到老公记下女同事的电话号码，并有一些电话联系，并非这些行动都是那么庸俗和狭隘，肯定有自己的正当理由，或者为了公事，或者有什么事情需要双方协商等。

爱人之间的信任，需要双方的共同培植，要从一些细节小事做起，应加强双方的沟通和了解，打消对方的顾虑。在这方面，列宁和克鲁普斯卡娅是我们学习的榜样，他们结婚后，订了一个公约：互不盘问，后来又加上了一条：互不隐瞒。这两条其实不矛盾。互不盘问，就是信任对方，不盘问对方的行踪；而互不隐瞒就是不需对方盘问，自己主动向爱人报告自己的行踪、想法，达到交流感情的目的。有了互不隐瞒，就不必盘问，不盘问对方，双方之间就有了信任感和被尊重感，这些都有助于感情的融洽和家庭的和睦。夫妻之间少些猜疑，多些真诚的交流，要经常交心。有道是："长相知，才能不相疑；不相疑，才能长相知。"当夫妻之间多些坦诚，没有无端猜疑时，就能够做到知心了。

拴在腰带上的丈夫

女人在爱情中往往缺少安全感，她们希望把爱人绑得紧一点，再紧一点，于是，很多男人就成了拴在腰带上的丈夫。

李南长得身材苗条，外貌漂亮，性格也温柔可人，她的丈夫王刚也堪称仪表堂堂，而且对李南是一往情深。随着时间的推移，李南心里不知什么时候增添了一个奇怪的想法：为什么王刚总是对自己这么好，是不是做了什么对不起我的事情，用这些来做心理补偿？于是，她便开始注意起来，不让王刚离开她的控制范围。王刚是一家外资公司的业务人员，业务上的应酬比较多，李南开始怀疑起来，他真的会有那么多应酬吗？她便开始了"查岗"，跟踪过几次之后，看到王刚与男男女女出入酒楼、保龄球馆、咖啡屋这些地方，更加不放心。她想出了一个对策，每当王刚说有应酬时，她不动声色，但是只要王刚出门以后，她便会打电话，今天是自己突然得了急病；明天是宝贝儿子放学没有回家，找遍了亲戚朋友和儿子的同学家也没有找到，儿子失踪了；后天又是自己的钥匙锁在家里，而自己只穿了一套睡衣站在楼梯间里……更离奇的还有父母出了车祸、家里遭了窃贼、自己被几个男人非礼……

王刚爱妻心重，每次都上当回家，每次都无奈地苦笑，再以后是发火、愤怒、大吵，可是李南铁下心来，坚持自己的做法。王刚屡次与客户失约，或半途退场，生意也丢了一单又一单，最终在又失去一笔大生意后，被老板炒了鱿鱼，无可奈何的王刚最终选择了离婚。

伤心的李南怎么也想不到，这场悲剧的总导演就是自己，她想把王刚完完全全地据为己有，却没有料到永远地失去了他。

还有一位年轻漂亮的女人，嫁了一位既帅气又体贴的如意郎君，她心中的幸福自然是不言而喻。但是那位如意郎君却极爱与朋友聚会，和朋友在一起，他感到是一种鼓舞，一种力量，一种鲜活的空气。可每每兴犹未尽，便记起身后的家，家像一只手遥遥伸过来拽他的衣襟。

回到家中，妻子也并不十分责怪他聚会后的晚归，但那种不悦与忧伤却使丈夫的心中蒙上了一层阴影。疲惫的丈夫靠在沙发上，家还是那样明亮、清爽、舒适宜人。端来喷香可口饭菜的妻子却一脸忧郁，在丈夫埋头吃饭时，她流泪说："你还记得家呀！"于是丈夫忙不迭地照例解释，照例诅咒友人如何蛮横地挽留，末了照例保证不再发生类似事件。

丈夫也曾找机会对妻子说："林子里树与树之间离开点便长得粗、长得高。保持一点距离才是夫妻的最佳境界。"妻子却撅起小嘴说："听不懂你的歪理！"

李南的悲剧可能是个别的，但是，把男人拴在腰带上的女人，也许从来未想过，属于世界的男人变成了只属于一个女人的腰带时会变成什么。

一个结果是挣脱腰带扬长而去，婚姻破裂，家庭解体，想把门关牢结果却连门都被踢得粉碎；一个结果是男人被制得服服帖帖，变成了石榴裙下的奴隶，失去了自己生存空间的男人，被妻子随意地操纵着，变成了妻子意志的工具，成了傻子；另一个结果是李南式的悲剧，以离婚来结局。

戴着锁链的妻子

人们常常将婚姻比作围城，围城外的人想进去，围城里的人想出来。为什么有人想进去的地方，有些人却想从这里出去呢？因为相爱总是容易的，只要两情相悦，花前月下，海誓山盟总是很容易就可以做到的。但是真正相处在一起就是另外一回事了，由于性格、爱好、习惯各个方面的差异使两个人相处总会产生各种各样的矛盾。

有很多人高喊捍卫爱情纯洁的口号，将爱人紧紧绑在自己的视线之内，唯恐其越雷池半步，用这种方法维持下去的婚姻，好像是把家建成了一座不透风的监狱，而爱人就成了囚在狱中、被判了无期徒刑的犯人，人生来谁不渴望自由，所以狱中的人总想出逃，这种做法等于是亲手将爱情送进了坟墓。

李勇是一家私营企业的老总，他的生意越做越大，住别墅，开奔驰，资产近千万，刚刚进入而立之年的他唯一的遗憾就是没有一张大学文凭，所以他最大的心愿就是能娶到一位既年轻貌美，又有高学历的妻子，虽然这对腰缠万贯的他来说不算什么太难的事，但具体操作起来他才发现也并非易事，要么就是别人引荐的女硕士、女博士不够漂亮，要么就是自己相中的靓女文化层次太低，就在他有些失望、有些着急的情况下，忽然一次偶然的机会他与在一家研究所读博士的苗雪相识了，那次他委托这家研究所给自己制定一份项目规划表，在商谈会上他认识了苗雪，当时漂亮、端庄、气质高雅的苗雪也随自己的导师参与了这个项目的研究。

李勇对苗雪是一见钟情，他费了九牛二虎之力才把她追到了手，并娶回了家。他非常珍惜这来之不易的爱情，为了让娇妻过得风风光光，他在做生意时更加上心、卖力了，可是让他感到痛苦的是，因为他们各自都要忙自己的事业，所以两人相聚的时间太少了，见不到妻子的时候，李勇的眼前总晃动着苗雪的影子。他担心妻子丰姿绰约，在外面会有许多男人围着她转，所以就动员已经读完博士研究生的妻子不要出去工作了，可苗雪说什么也不同意，她觉得自己读了这么多年的书，回家做全职太太就是对知识的浪费，再说作为一个现代女性她要保持自己人格的独立，要有自己的尊严。

这样一来，李勇每天都掐准妻子下班时间，往家里打电话。开始时，妻子还能感受到丈夫的关爱，可时间一长，老是千篇一律那几句肉麻的话，她心里就不舒服了，甚至有点不愿意接电话了。即使接了也有点敷衍了事，当李勇感觉到妻子在敷衍他时，他便怀疑是不是妻子另有所爱了。于是李勇便搞了几次突然袭击。出差回来，事先不打招呼，夜深人静时突然回家。开始时，还给苗雪带来一点惊喜。可他三番五次这样做，弄得她神经都有些紧张。

不久，单位准备派苗雪到设在另一个城市的分部去工作三个月，李勇开始时不同意，后来见无法阻止妻子，就偷偷到妻子单位去打听同去几个男的，得知这次没有男的同行后，他才有点放下心来，但是回家后还是对苗雪千嘱咐万叮咛，说社会很复杂，出门后要每天打电话向自己汇报，要格外注意小节；不要太放松自己，不要去参加请客吃饭，不要在节假日出去玩。

妻子刚走两天，他就追到妻子所去的新单位，当他兴冲冲赶到妻子宿舍时，本应下班在宿舍的妻子却不在，一打听是和别人一起看电影去了，他顿时火冒三丈，一直待在单位的大门口等到妻子回来，看到同去的人里并没有男性，他才没有兴师问罪。如此的"抽查"经常发生，连苗雪的新同事都看出了端倪，大家都开玩笑说，她被包工头买下了。这让苗雪感到很没面子。再次见面后，她就跟丈夫大吵了一场。

李勇虽然一言不发，任由妻子发泄，但骨子里却更怀疑妻子变心了，他想不通自己到底错在什么地方？作为丈夫，他让她锦衣玉食，更对她百般呵护，至于他有些不放心她，那是爱她的表现。她怎么就不理解呢？

于是他便专门请了私家侦探，跟踪、调查妻子下班后的行动。

妻子回到家里，他又继续请人跟踪妻子，终于有一天，苗雪发现了丈夫的勾当。她觉得丈夫给自己的不是爱，而是绳索，于是向法院起诉离婚了。

天长地久的爱，不是用誓言来为对方戴上手铐，而是用信任把她释放，谁如果想把爱情囚禁起来，那么他就会失去爱情。

被任性撕裂的爱情

晓枫对雯雯爱之甚深，非常在乎她的感受。所以每每吵架之时，晓枫总是将过错揽到自己身上，即使有时候真的不怪他，因为他不想让雯雯生气。就这样过了 2 年，晓枫仍然深爱着雯雯，像当初一样。

有一个周末，雯雯出门办事，晓枫本来打算去找雯雯，但一听说她有事，便打消了这个念头。他在家里独自待了整整一天，他没有联系雯雯，他觉得雯雯一直在忙，自己不应该去打扰他。

谁知雯雯在忙的时候，还想着晓枫，可是一天没有收到晓枫的问候，她很生气。晚上回家以后，雯雯发了条信息给晓枫，话说得很重，扬言要分手。

晓枫心急如焚，他打雯雯的手机，连续打了几次，都被挂断了，打家里电话也没人接。他猜想，可能是雯雯将电话线拔了。晓枫抓起衣服就出门了，他要去雯雯家。

晓枫来到雯雯家门口，他一连敲了 9 次，但屋内始终没有回应，晓枫绝望了，带着满心失落慢慢消失在黑夜之中。

从此他们天各一方，各自为着自己的事业奔波，后来，又都建立了彼此的家庭。雯雯的家庭不是很幸福，丈夫酗酒，喝醉了就骂她，有时甚至拳脚相加，所以她很怀念年轻时的那段恋情——如果是他，绝不会这样。

多年以后，他们不期而遇。

他问她："那天晚上我来敲你的门，你为什么不开门？"

她说："我在等你。"

"等我？等我干什么？"

"我要等你敲第 10 次才开门……可你只敲了 9 次就停下来了。"

现在，她悔得肠子都青了，本已到手的幸福就被自己不依不饶的任性所葬送了。

其实，雯雯完全可以在对方敲第 9 次的时候将门打开，或者在他离去时把他叫回来，这样她已经很有面子了。但她太任性，将晓枫"吊"得太高，非要坚持等那第 10 次，所以她错过了本该属于自己的幸福，这段遗憾仅缘于雯雯过于执着那多出来的一次敲门而已。

诚然，任性似乎是女人的天性，也是女人的专利。但凡女人，有谁没有在恋人面前耍过小脾气呢？任性耍赖、无理取闹、流泪哭泣这俨然已经成为女人对付男人的专属武器。女人爱在男人面前耍无赖，甚至故意挑衅与其发生争执，而心中却隐隐希望吵过之后他能心生歉意，对自己越来越好。女人热衷于用任性、折磨、不讲道理去挑战男人的底线，这对于女人而言或许是一种试探，她们一次又一次、不厌其烦地试探着，其目的或许只是想摸清自己在他心中到底有多重要。这是女人的天性，是不可避免的，那些聪明的女人大多懂得将自己的任性掌控在适当的尺度上，这样的任性不能说是缺点，有时它反而会让女人显得更加可爱。

然而，凡事不可过，过犹不及，适当地运用任性可以成为两人之间相处的调味剂，一旦过了度，便会伤及到彼此的感情。当然，伤的不止是你爱的他，还有我们自己。女人们请记住，任性可以成为吊男人胃口的手段，但千万不要用任性去挑战爱情的韧性。

6

受到惊吓的小孩

危险指数：★★★

许多天才因缺乏勇气而在这世界消失。每天，默默无闻的人们被送入坟墓，他们由于胆怯，从未尝试着努力。对什么都胆怯的人，永远没有笑容。

恐惧，源于你对这个世界的未知

这个世界并不恐怖，恐怖的是你心里的那个芥蒂，人类对于未知的事物始终抱着一种近似于敬畏的恐惧心理。比如说我们都会感到害怕的鬼故事、鬼电影，这种故事都有一个特点，就是营造荒诞和不可理解的气氛。而真正令我们感到害怕的，并不是鬼会伤人，也不是鬼有多丑陋，恰恰是那种荒诞和不可理解。本质上来说，这一切都源于未知。因为你不知道究竟是怎么回事，可能会发生什么，你处在一个未知的景象之中，这时，恐惧来得非常单纯和直接，即便我们知道此时此刻是安全的，也没受到任何外界人或物的攻击和干扰，就是对周围一切的未知，就会让我们的思想在害怕。

海瑶在学校附近碰见一个农村大姐站在大树底下兜售布袋——一种长方形单面有图案的纯棉购物口袋，价钱相当便宜，只售 1 元。于是她一口气买了 5 个。

布袋拿回宿舍，室友们纷纷询问在哪儿捡到的宝，都跃跃欲试去买几个回来。不料一位细心的同学蓦然惊呼："怎么上面有个'死'字！"定睛一看，布袋的图案四周原来还环着一圈外文，几个较长的单词不认识，字典里也没有，中间一个"die"却赫然触目惊心！再细看图案本身，几个简单而形状怪异的色块拼凑在一起，谁也辨不出那究竟是什么。

"我说这么便宜！""准是邪教的图腾！""巫婆！""咒语！"室友们大呼小叫。

海瑶有点害怕了，接下来不管遇到什么倒霉的事情，室友们都会怪海瑶买来那个"不吉利的东西"，海瑶的心里也很忐忑，生怕哪一天飞来横祸。直至一年后，结识了一个外语学院的朋友，海瑶心里的结才解开，"咒语"之谜水落石出：原来那句奇怪的外文其实是德语。"die"是德语中一个再普通不过的冠词，用法相当于英语的"the"，专用以修饰阴性名词，"咒语"全句的意思是"保护世界环境"。

恍然大悟后回头再看那神秘的图案，原来竟是世界七大洲的板块！为了这个忐忑不安这么久，真让海瑶哭笑不得！

我们之所以恐惧那么多，常是因为自己吓自己，是我们将自己圈禁在了幻想之中。其实，这世界上本就没有那么多恐怖存在，只是我们硬将它扯了出来。

当然，恐惧是一种与生俱来的情感体验。伍德在《你害怕什么？》一书中形象地描述道："我们对这个世界的最初体验很可能是充满恐惧的。我们被迫离开母亲的子宫——一个柔和，温暖，安宁，舒适的世界——进入到这个世界——它仿佛是一场充满光亮，噪声，寒冷，疼痛的噩梦。婴儿出生的时候，它害怕得身体紧缩，疼痛得面部扭曲，双眼紧闭。也许，我们与母体脱离之后的第一种情绪就是恐惧，第一个反应就是躲避。"人从一出生，就不可避免地要遭遇各种恐惧，"我们生活在各种恐惧之中。我们害怕被抛弃，害怕失败，害怕痛苦，害怕死亡。我们害怕上帝是虚构的，害怕生活不过是一场闹剧。我们害怕陌生，害怕怀孕，害怕变老，害怕陷入无助，害怕被抢劫，害怕伤害，害怕看到人受伤害，害怕破产，害怕股市暴跌。害怕不被人所爱，又害怕爱别人太多；害怕受人关注，又害怕被人忽略。害怕陌生人，害怕电梯，害怕犯错误，害怕街头地痞，害怕老鼠，害怕地震，害怕血，害怕人上门讨债。"

恐惧在一定程度上，是合理的，有时逃避也是必需的，为了安全和生存，人可以合理而必要地选择远离令自己感受到威胁的东西，但这个恐惧对象应该是明确而真实的。如果你的恐惧与这个世界并没有真实的联系，你不大能够意识到自己在害怕什么，也不大清楚自己逃避的目的地何在，那么你的恐惧就是虚幻的，你逃避的目标与保存生命的目的背道而驰，这就会给生命带来危害。

那么，怎么来减轻自己的恐惧心理，直到让自己直面恐惧呢？美国著名心理学家霍克如此建议："当你试图克服恐惧的时候，不要冲上前去，让自己一下子面对一切，这样做很糟糕，结果往往会与你预想的目标适得其反，使你原来的恐惧陡然增加十倍。最好的办法是，与你惧怕的对象保持一点儿距离，一步一步，循序渐进地接近它。这样，你会越来越适应你害怕的处境。"

黑暗就是我的地狱

陈海飞结婚后才发现，丈夫竟然要开着灯睡觉。刚开始，她还想改掉丈夫的这个"坏习惯"，索性就将灯关掉。谁知她丈夫大吼一声，扑到床头就将灯打开了。再看他，已然脸色煞白，呼吸不匀，出了一身的冷汗。

这个晚上，丈夫向他道出了一个深藏已久的秘密。原来，在那个青黄不接的年月，13 岁男孩因为实在忍不住饥饿，偷了隔壁村猎户放在仓房里的腌兔肉，恰巧被人家抓了个正着。

那个晚上，他被猎户锁在了仓房中，猎户将一只刚刚用陷阱逮住的狼用铁链拴在了仓房门口。狼一见到他就想上来扑咬，他吓得蜷缩在墙角，那种恐怖至极的气氛简直要让他崩溃了！更可怕的是，那只狼的号叫竟然招来了狼群，猎户一家忙于自保，根本无暇顾及他，他被狼群围在仓房之中，那种恐惧、那种绝望，

无以复加……

连他自己都忘记了是怎样扑到狼身上的，奇怪的是，这只狼并没有咬他，他解开了拴在狼身上的铁链，将门打开放狼出去，然后迅速关上门，将仓房中的一个水缸推倒，倒扣过来，自己躲了进去。

他就这样在黑暗中忍受着随时可能被狼群撕碎的恐惧，就这样挨到天明，可以说，他的心理一直处于极限状态。他没有疯掉，已经够坚强了。人的心，最容易受伤害的时候，往往是处于极其孤立境地的那段时间。正是因为这段痛苦的经历，才使得这个男人内心深处对黑暗产生了极其强烈和顽固的恐惧感。

怕黑，这是人的通病，女人居多，男人较少。

按照荣格的理论，怕黑是人类的一种集体潜意识，来源于很久以前的原始生活，那时的人们居住在原始森林，时刻面临着各种动物的威胁，尤其是到了晚上光明消失以后，对于没有坚实的房屋壁垒掩体的人类来说，更是危险纵横。人们不能不怕黑。

也就是说，一般的怕黑并不是心理疾病，而是人的本能，但随着时代的进步，夜晚对于人们来说已经不再是一个充满未知恐惧的世界。可是有一些人仍像被黑暗下了魔咒一般，不敢走夜路，不敢上夜班，不敢在夜里参加任何活动，即使有人在身边，仍然对黑暗产生强烈的恐惧，甚至一到夜晚就开始心慌不安，严重影响自己的生活质量、社会功能，这显然就不正常了。临床上，将这种非正常的怕黑心理称之为"黑暗恐惧症"。黑暗恐惧症的形成原因有很多，大多情况下是因为不良的心理因素引起的。

黑暗恐惧症危害重重，有的甚至成为一生难以解开的"心结"。但是只要积极寻求治疗，并做好自我调节，也并非不可消除。

在黑暗恐惧症的患者群中，有一部分人的恐惧是因为联想过于丰富，凭空想象设置一些可怕恐怖的情景。这样的恐惧患者在走夜路时，可以想象自己就是黑夜的一部分，而不是在逛鬼屋，这样情绪上可以缓解很多。

黑暗恐惧的心理调节重点还在于心智训练，让自己变得更加自信，自信可以抗拒一切的心理波动。

当事者独自或在亲友的陪同下接触黑暗，假如感觉不安、紧张和害怕，做深呼吸让自己松弛下来。如此反复训练。然后进一步去了解黑暗，再到熟悉黑暗。需要提醒的是，抗拒一样自己恐惧的东西要坚持不懈地练习，不能中断，一断说明从开始就有环节没做好，需要重新来过。

最重要的是，当事者心里一定要愿意承认，黑暗并不是不可战胜，解开魔咒的法宝就在自己手中。

不能自已的人前颤抖

晏飞飞重点大学毕业，文静端庄，在别人眼中也是一个不错的女孩了，做事认真，为人朴实，就是有些内向害羞。其实晏飞飞自己也为此感到苦恼。早在上学时，晏飞飞就害怕在课堂上发言，担心说不好别的同学会取笑，一开口就紧张，脸也红得像苹果一样，讲话也不利索了，如果有个别同学嘲笑她，她就更紧张，因此她尽量避免在课堂上发言。大学毕业以后，晏飞飞进入了一家前景不错的公司，经过努力，当上了部门经理，但老问题又出现了。一遇到重要的社交场合，她就开始担心自己不会说话又脸红，怕当众出丑，有时只好找借口推掉。因此失去了很多重要的机会。上司对此颇为不满，晏飞飞也很痛苦。

事实上，晏飞飞的问题并不是简单的害羞就可以解释的，她的表现更倾向于一种心理问题，叫社交焦虑障碍，亦作社交恐怖症。对于社交的恐惧，每个人都会有点，比如和领导、和异性、和生人吃饭喝酒时，多数人都会感到有些紧张和害羞，这是正常的心理反应。但如果情况是，对一些特定的社交场景感到焦虑或害怕，并产生明显的回避行为，使自己感到痛苦，严重影响了个人的生活或工作，那就不是正常的心理状态了。

宋明亮从小就不爱说话，因为母亲性格比较温和，所以只是与母亲沟通得多一些。宋明亮的父亲比较强势，只要宋明亮犯了错，非打即骂，尤其是家里来客人的时候，父亲对宋明亮的要求更是十分严格，小小的宋明亮在外人面前总是忍受着一种压抑退缩的情绪。

宋明亮上学时的成绩普普通通，因为性格内向、腼腆，所以一般不会受到老师的批评，但也很少得到表扬，可以说没有多少人关注他。

宋明亮毕业以后就进入了这家公司，工作任务不重，没什么压力，但宋明亮的心理却放不开，总觉得自己很幼稚不成熟，没有自我感和思想，和同事们总是格格不入，不能融入他们；宋明亮尤其在意别人对自己的看法和评价，遇到一些困难总是容易退缩，不敢放开自己去面对，在人多的场合很不自在，每次遇到开会和大众发言的情况，就无法放松下来，全身紧张；他面部绷紧，眉头紧皱，表情紧张，唉声叹气，喉咙像是被什么东西堵住了一样。

很多人都和宋明亮一样，每每开会或发言前都会非常担心，内心恐慌不安。他们害怕即将发生的事情出现最坏的结果，他们似乎时刻都在等待着不幸的到来。具有这种消极心理的人，总是有很强的挫败感，会认为某些尚未发生的事存在威胁。这种情况属于心灵成长退缩后引起的恐惧症，常表现为会议恐慌预期焦虑和大众演讲发言恐惧，这种怯场心理不仅会妨碍人的学习和工作，还会损害身心健康，不过却并不难调节。

今时今日，随着社会的发展，人际交往越来越重要，社交能力对于个人的事业和生活有着不小的影响。所以，对这种心理疾病早期和有效的防治是十分重要的。

那么不妨自我评估一下，看看自己是否具有社交恐惧倾向。回想一下：

我是不是只要与人交往就会出现紧张和不安感，不敢与人交谈，甚至对视？如果迫不得已要面对面交流，就会面红耳赤，心慌心跳、不停出汗，明知没必要，却不能自控？

我是不是连熟悉的人也害怕交往？总是想方设法找借口，拒绝参各种类聚会？平时极少与人闲聊和攀谈，甚至不愿主动与人通电话？

我的性格是不是偏内向，从小就胆怯，过分注重自身在别人心目中的形象，是不是容易感到自卑？

我是不是感到非常痛苦？虽然在人面前，我极力掩饰自己的缺点，却越掩饰越让自己显得不尽如人意？

如果这样的情况在你身上出现，那么请及时前往专业医疗机构寻求诊疗。

在社交恐惧症的心理调节方面，大家可以按照如下方法去做：

1. 控制住紧张源

心理学上将引起心理紧张的事物称作"紧张源"，要控制住怯场心理，就应该消除或制止导致怯场的外界刺激物。用豁达的心态、高度的自信来对待，还可以运用阿 Q 精神弱化紧张情绪，只有不把事情看得那么重，紧张源的作用就会被弱化。

2. 进行积极的自我暗示

当怯场心理出现时，及时进行积极的自我暗示，鼓励、安慰自己不要心慌。做深呼吸，缓解紧张情绪，抑制自己回避那些紧张源。这就容易使交感神经与副交感神经的机能得到调节，使得心理趋于平和，情绪得到稳定。

3. 适当的辅助调整

在临场前，让大脑得到适当的休息，如散散步、听听音乐，等等。如果之前情绪急躁或睡不好觉，可以在医师的指导下服用一点镇静药。

4. 正确的自我评价

有的人患上社交恐惧症是因为自卑，他们发现自己的弱点会夸大，以偏概全地来否定自己。其实，每个人资质不同，尽我所能即可。

5. 借助榜样力量

多阅读一些名人、伟人的传记（如，林肯、福特、诺贝尔、拿破仑等），用他们的成长和成功经历来激励自己，使自己树立起愿意改变的勇气和信心。这些人的事迹会产生一种榜样效应，使人不知不觉地模仿他们的一些积极的思想和行为。

6. 情景练习

想要缓解恐惧症症状，可以选择一些有把握的、不会使自己难堪的熟人交往，然后缓解忐忑不安的感觉，循序渐进地尝试着让自己适应，在接受和忍耐中学会适应。

亿万财富拱手相让

如今，从市值上看，苹果电脑公司已经成为超级企业。一直以来，大家都只知道已故的乔布斯先生是苹果公司的创始人，其实在30多年前，他是与两位朋友一起创业的，其中一名叫惠恩的搭档，被美国人称为"最没眼光的合伙人"。

惠恩和乔布斯是街坊，两个人从小都爱玩电脑。后来，他们与另一个朋友合作，制造微型电脑出售。这是又赚钱又好玩的生意。所以三个人十分投入，并且成功地制造出了"苹果一号"电脑。在筹备过程中，他们用了很多钱。这三位青年来自于中下阶层家庭，根本没有什么资本可言，于是大家四处借贷，请求朋友帮忙。三个人中，惠恩最为吝啬，只筹得了相当于三个人总筹款的十分之一。不过，乔布斯并没有说什么，仍成立了苹果电脑公司，惠恩也成为了小股东，拥有了苹果公司十分之一的股份。

"苹果一号"首次出台大受市场欢迎，共销售了近10万美元，扣除成本及欠债，他们赚了4.8万美元。在分利时，虽然按理惠恩只能分得4800美元，但在当时这已经是一笔丰厚的回报了。不过，惠恩并没有收取这笔红利，只是象征性地拿了500美元作为工资，甚至连那十分之一的股份也不要了，便急于退出苹果公司。

当然，惠恩不会想到苹果电脑后来会发展成为超级企业。否则，即使惠恩当年什么也不做，继续持有那十分之一的股份，到现在他的身价也足以达到10亿美元了。

那么，当年惠恩为什么会愿意放弃这一切呢？原来，他很担心乔布斯，因为对方太有野心，他怕乔布斯太急功近利，会使公司负上巨额债务，从而连累了自己。

惠恩在放弃自己应该承担的责任的同时，也就宣告与成功及财富擦肩而过了。

事实上，像惠恩一样总想着逃避的人并不在少数，"怕事"似乎已经成了一种时代病。面对责任，许多人都在"躲猫猫"。面对社会的压力，许多人被压弯了脊梁骨，这种行为从心理学上来看也是不正常的。许多研究心理健康的专家一致认为，适应良好的人或心理健康的人，能以"解决问题"的心态和行为面对挑战，而不是逃避问题，怨天尤人。

从成功学的角度上说，一个人如果不敢向高难度的生活挑战，就是对自己潜能的画地为牢。这样只能使自己无限的潜能得不到发挥，白白浪费掉。这时，不管你有多高的才华，工作上也很难有所突破，职场上遭遇挫折更不是什么新鲜事。

从心理学的角度上说，等着挨打的心情是消极的，那种等待的过程与被打的结果都是令人沮丧的。一个人在心理状况最糟糕的状态下，不是走向崩溃就是走向希望和光明。有些人之所以有着不如意的遭遇，很大程度上是由于他们个人主观意识在起着决定性作用，他们选择了逃避。如果我们能够善待自己、接纳自己，并不断克服自身的缺陷，克服逃避心理，那么我们就能拥有更为完美的人生。

从恐慌的躲藏中走出来

很多人不敢尝试新事物，主要是来自于心态的原因：没做事就先想到失败。这种恐惧心理会将人的自信毫不留情地摧毁掉，将人的潜能关进心灵的牢狱之中，人的手脚因此会被束缚住，没有绝对的把握就不敢轻举妄动。

想要人生有所不同，非要有一定的胆量不可。一个没有胆识的人，再好的机会摆在眼前，他也是瞻前顾后，不敢去掌握与尝试。固然他失败的概率很小，但成功的机会更是小得可怜。

成功只青睐有胆量的人。人有了胆量，敢想敢做，有自信，能坚持，会变通，就一定能更多地开发自己的潜能，进而也能做到很多胆小者做不到的事情。

万科的王石每次被人问起："你成功的秘诀是什么？"他都会笑着回答："大胆。"他还会补充道："这得感谢我母亲。"这又是怎么一回事呢？

王石13岁那年，父母决定让孩子们回到东北的姥姥家去过暑假。父亲感觉孩子还小，坐的又不是直达车，于是想请假去送。可是被母亲阻止了。王石母亲是辽宁义县人，锡伯族，这是一个著名的铁血民族，她在家里非常强势，说一不二。母亲说："不行，这次我就是要让王石好好锻炼一下自己。"王石一听母亲说要他们自己去，马上哭丧着脸不干了。可是母亲命令道："不去也得去。"王石马上强调道："如果走丢了怎么办？""走丢了，就走丢了，没有这点本事，就别在咱家待。"没办法，王石只好硬着头皮上路了。

出发那天，在郑州火车站，母亲把王石和弟妹3人送上火车，拜托一下列车员，然后以她一贯的坚强告诉王石："人只要不被困难打倒，就一定能打倒困难。"然后转身就走了。那一刻，王石的眼泪都快流出来了。母亲很狠心，走了后，头也不回。王石知道此后一切都只有靠自己了。

就这样，王石带着弟弟妹妹踏上去东北的旅途。火车到北京，列车员把他们3个领下去，转给另外一班的列车员，然后他们3个孩子就在站台上等，等去锦州的火车来了，3个孩子又像包裹一样被递上火车，继续摇晃着往北走，摇到锦州后，继续被转交。这次是要转一趟慢车。等他一路晃到小站，两天时间过去了。可旅途还没有结束，甚至可以说真正的旅途才刚开始。

王石下了火车后，领着弟弟妹妹，背着行李，往姥姥家所在的旧林村走。刚开始大家还很高兴，因为颠簸了一路，总算就要到了。可毕竟还有十几公里的野路，是要靠步行走去的。当时王石心想，自己从前来过一次，还记得路，正常情况下，下午三四点钟就能走到姥姥家。

王石迈着大步走开了，可是走了几个小时，口渴了，肚子饿了，脚磨起泡了，还没有到。弟弟问："还有多远啊？"王石说："快到了，再坚持一下。"可是又走了一个小时，还没到，而且王石感觉到，路越走越陌生，妹妹坚持不住了，又问道："你到底认不认得路哦？"

此时已经下午4点了，本来应该到了啊！这时王石才感觉到，不会是自己走错了路吧？他也开始犯糊涂了。王石只好向路过的老乡打听。老天！走了半天，原来转了几个圈。妹妹就哇地哭了起来，弟弟也说走不动了。那一刻，王石也害怕了。王石只好让弟妹休息一会儿，吃一点东西。一停下来，他才感觉到自己的裆部已经磨破，被汗水一浸，非常地痛。而妹妹的脚上起的泡已经磨破，钻心地痛，他只好帮助妹妹用手帕包扎好。

姥姥在接到孩子要去的电报后，非常高兴，中午就到村口去接他们。可是等到吃晚饭还没有看到孩子们，那个急啊！唯恐村外的野兽把外孙们给害了。晚饭也吃不下，一直站在村口等。

当时还没有电话之类的通信工具，又前不着村后不着店的，如果天黑了还没到，走在山林里说不准真会被豺狼虎豹给吃了。

王石意识到唯一的办法只有赶紧走！于是他开始学着平时母亲说话的口气说："我们只有奋勇赶路，否则我们都要喂老虎了！"那副威严，那种坚持，让弟妹们一下子爬起来，跟着他继续走。其实越走，他也越害怕，尤其是到了天完全黑下来后，又是路过坟地，一会儿一阵叫声，他的头发都竖起来了。妹妹更是叫道："哥，我怕！"他赶紧牵着妹妹的手。一会儿弟弟又叫道："我的鞋掉了。"原来弟弟太怕了，鞋子走掉了都不知道，他又得停下来，摸着黑去找鞋。

就这样，虽然他也感觉后背飕飕发冷，好像有鬼跟着似的，但也只能硬着头皮走下去。后来，妹妹实在走不动了，王石就背着妹妹走。就这样，他们一直走到午夜 12 点才赶到姥姥家。他一到姥姥家，倒头就睡，并且整整睡了两天。

之后，王石读大学、开公司、登珠峰，其中每一个阶段都遇到过很多困难，但他从来没有被困难打倒过，更没有想过要放弃自己的信念，所以他成功了，登上了人生与事业的"珠峰"。

胆量能让人变得与众不同。当你心中充满胆量的时候，或许体内已经发生了连锁反应，你的潜能在逐渐被唤醒。俗话说，"撑死胆大的，饿死胆小的"，只要你做的事情奉公守法，就应该把胆子放大，特别是在这竞争激烈的年头，必须有胆量，胆小了只能闭门家中坐。

当然，我们也要把胆量和"莽撞""傻大胆"区分开，用理智和理性去掌控自己的胆量。我们说做人做事要有胆量，绝不是说让你不加思考，懵懂地往前冲。做人做事，还是要有所权衡，保持理性的。

逃下去不如迎上去

一味逃避是懦弱的表现，并且不可能解决问题，反而会让事情越来越糟。因此，必须学会直面现实，勇敢地解决出现的问题。

A君是某公司经理，一次，他的一个助手出了一个纰漏，给公司造成了损失，六神无主的助手找到A君，表示要辞职。这时，A君给他讲了一个藏在心里已久的秘密："8年前，我受雇于一家建筑公司当业务员，由于我的勤劳能干，大量欠款源源不断地收回，公司颓败的景象颇有改观。老板也很赏识我，几次邀我到他家吃饭。就在这时，他唯一的女儿悄悄地爱上了我，常常送一些精美的小玩意儿给我。我起初不敢接受，后来碍于情面只得收下。就这样过了两年，当有一天我告诉她我不能给予她更多时，她一气之下寻了短见。

"她的三个哥哥咆哮不止，扬言非要我偿命不可。那时我手里已有了为数不少的积蓄，很多人劝我一走了之。我没有这样做，心里只有一个念头：事因既然在我，我必须回去面对这一切，是死是活——无关紧要。

"当我走进她的家门，一群人向我扑来，可她的父亲——我的老板向其他人摆了摆手，走上来紧握着我的手，良久才缓缓地说了这么一句话：'一个女人愿意为你献身，说明你是一个不同凡响的人；你敢来面对这一切，说明你是一个有血有肉的人。'"

A君的话给了他的助手很大触动，他决定留下来，接受董事会的裁决。结果，董事会认为他敢于面对问题，只是扣了他两个月奖金。

故事中A君明知老板家等着他的是一场暴风雨，却没有因此一走了之，而是勇敢地去面对，这种精神值得我们每个人学习。生活中，当发生一些困难的事或令人痛苦的事时，很多人都习惯于逃避，然而事实就是事实，已经发生的不可能再改变。逃避、不敢面对其实就是在自我欺骗，这样只会使人变得更痛苦。而且一旦逃避成了习惯，人就会变得消沉，不再进取，到头来一事无成。

已故的布斯·塔金顿总是说："人生加之于我的任何事情，我都能面对，除了一样，就是瞎眼。那是我永远也无法忍受的。"

但是这种不幸偏偏降临了，在他 60 多岁的时候，他发现自己看东西时，整个是模糊的。他去找了一个眼科专家，证实了不幸的事实：他的视力在减退，有一只眼睛几乎全瞎了，另一只好不了多少。他最怕的事情，终于发生了。

塔金顿对这种"无法忍受"的灾难有什么反应呢？他是不是觉得"这下完了，我这一辈子到这里就完了"呢？没有，他自己也没有想到他还能非常开心，甚至于还能运用他的幽默。以前，浮动的黑影令他很难过，它们时时在他眼前游过，遮挡他的视线，可是现在，当那些最大的黑影从他眼前晃过的时候，他却会说："嘿，黑影来了，不知道今天这么好的天气，它要到哪里去。"

当塔金顿完全失明之后，他说："我发现自己是个能承受视力减弱的人，就像一个人能承受别的事情一样。要是我五种感官全丧失了，我知道我还能够继续生存在我的思想里，因为我们只有在思想里才能够看，只有在思想里才能够生活，无论我们是否知道这一点。"

塔金顿为了恢复视力，在 1 年之内接受了 12 次手术，为他动手术的是当地的眼科医生。他没有害怕，他知道这都是必要的，他知道他没有办法逃避，所以唯一能减轻他痛苦的办法，就是爽爽快快地去接受它。他拒绝在医院里用私人病房，而住进大病房里，和其他的病人在一起，他试着去使大家开心，而在他必须接受好几次手术时——而且他很清楚地知道在他眼睛里动了些什么手术——他总是尽力让自己去想他是多么的幸运。"多么好啊，"他说，"现在科学的发展已经到了这种地步，能够为像人的眼睛这么纤细的东西动手术了。"

一般人如果经历 12 次以上的手术和不见天日的生活，恐怕都会发疯发狂了。可是塔金顿说："我可不愿意把这次经历拿去换一些更开心的事情。"这件事教会他面对不如意的事，就像他所说的："瞎眼并不令人难过，难过的是你不能面对这个事实。"

我们在一生中，也常常遇到失败，失败就是这样，你逃避它，它就拼命地追逐你，你面对它，它就会停步。所以说，失败并不可怕，不敢面对它才更可怕。

日本大企业家松下幸之助对此理念阐述得最透彻，他说："跌倒了就要站起来，而且更要往前走。跌倒了站起来只是半个人，站起来后再往前走才是完整的人。"

胜败乃兵家常事，重要的是要敢于面对失败，**重整旗鼓**，开辟人生另一个战场。

逃避现实世界不快的人，永远也无法获得成功。生命中总有这样或那样的挫折，只有勇敢面对，才能真正地享受生活。

你敢不敢试一试不可能的事

在做一件事前，很多人常会对自己说："算了吧！这是不可能的。"其实所谓的"不可能"，只是他们不敢去面对挑战的借口，只要你大胆去尝试，你就可以把很多"不可能"变成轻而易举的事。

一群羊和一群狼同住在一片草原上。羊经常被吃掉，可并没有一只羊起来反抗。它们都认为，狼吃羊是天经地义的事。

直到有一天，一只叫洛斯的羊问其他的羊："为什么羊要被狼吃掉？羊可不可以不被狼吃？"第一只羊说："自古以来就是这样。"第二只羊说："因为狼比我们聪明。"第三只羊说："狼比我们跑得快，也比我们合群。"第四只羊说："狼比我们学得快，也学得好，我们永远不可能赶过它。"

洛斯很不服气，反复思考之后，它终于明白：只要学得比狼快，比狼好，就不会被吃掉，而且这是经过努力可以做得到的。于是，它召开羊群大会，告诉所有的羊它的研究结果，并号召大家一起练习快跑。

后来，洛斯又发现狼不会游泳。于是，它又组织羊群在居住地周围挖出一条护城河，从此这群羊过上了幸福快乐的日子。

大部分人认为，很多事都是自然规律，是难以改变的。所以，一遇到类似的事情便不敢尝试。

其实，有些事并不是不能改变的。

就像大象从小被一根铁链锁住了四蹄，长大以后，就不再试图挣断铁链。事实上，它完全可以将铁链挣断获得自由。

困难有时候就像是一道虚掩着的门，实际上你没有必要害怕，那扇门是虚掩着。

在史称"布匿战争"之中，迦太基的统帅汉尼拔率军越过山高坡陡、道路崎岖、气候恶劣、积雪终年的阿尔卑斯山，这条道路是一条被认为不可能穿过的死亡之路。罗马人做梦也想不到汉尼拔如此神速地出现在面前，猝不及防。

大多数人认为不可能做到的事肯定是十分困难，甚至是难以想象的事。因为太难，所以畏难；因为畏难，所以根本不敢尝试；不但自己不敢去尝试，认为别人也做不到。其实，世上没有什么不可能办到的事，办成只是个时间问题。客观上没有"不可能"，并不等于主观上没有"不可能"，如果主观上认为"不可能"，那就真的不可能了；主观上认为"可能"，那么，任何暂时的"不可能"终究会变成"可能"。人类的创造力使许多不可能变成可能。

一个成功者的一生，必定是一个与风险拼搏的一生，除非不干事业，干事业则必有风险。松下幸之助发迹之前是一个一贫如洗的学徒。他不屈服于命运，将小小的客厅改为作坊，把积攒的全部家当用来制造电器插座。几次试验的失败，他豪不气馁，终于渡过难关，发明出第一项新产品——双插座接电器，从此走上了成功之路的第一步。如果松下当初胆怯了，不敢冒倾家荡产之险，就不可能有 20 年以后的松下公司。

所以大多数人认为不可能实现的事情，你努力去做，成功的可能性反而越大，因为与你竞争的对手不多。所以，大多数人认为不可能的事，你不妨试试。如果你害怕失败，成功的可能性就很小。

7

低垂的头，弯曲的躯

危险指数：★ ★ ★ ★

自卑往往伴随着怠惰，往往是为了替自己在有限目的的恶俗气氛中苟活下去在作辩解。这样一种"谦逊"是一文不值的。

你的生命不该如此卑微

1983 年，长沙某学院的一名男生卧轨自杀。他来自边远山区的一个贫寒之家，父母含辛茹苦将他拉扯大，他却走向了自我毁灭之路，留给亲人无限的悲痛。后来根据对其他同学的调查和他的日记发现，他的自杀只是源于自卑。因为他的身高不足 1 米 6，虽然他身体健康，但只是出于审美习惯的缘故，他觉得自己在别人眼里是个二等残废，是社会的弃儿，活着已经没有什么意思了。

严重的自卑和自我压抑会导致自杀。这种惨痛的结局在年轻人中极其常见。

某大公司招聘职员，有一位刚毕业的应聘者面试后，等待录用通知时一直惴惴不安。等了好久，该公司的信函才寄到了他手里，然而打开后却是未被录用的通知。这个消息简直让他无法承受，他对自己的能力失去了信心，觉得再试其他公司也会一败涂地，于是服药自尽。

幸运的是，他并没有死，刚刚抢救过来，又收到该公司的一封致歉信和录用通知，原来电脑出了点差错，他是榜上有名的。

这让他十分惊喜，急忙赶到公司报到。

公司主管见到他的第一句话却是：

"你被辞退了。"

"为什么？我明明拿着录用通知。"

"是的，可是我们刚刚得知你因为收到未被录用的通知而自杀的事，我们公司不需要连一点挫折打击都受不了的人，即使你再有能力，我们也不打算录用。因为公司今后可能会出现危机，我们需要员工能不畏艰难与公司共存亡，如果员工自己都无法克服自卑和恐惧心理，怎么能让公司也转危为安？"

自卑的心态就像一条啃啮心灵的毒蛇，不仅汲取心灵的新鲜血液，让人失去生存的勇气，还在其中注入厌世和绝望的毒液，最后让健康的身体死于非命。

其实依正常人看来，以上的事情根本就算不了什么，如果这也可以成为自杀的理由，那么这个世界上该有多少人走向毁灭？这种对生命极不负责的行为来源于自卑。

在人生攀登的崎岖小路上，自卑这条毒蛇随时都会悄然出现，特别是当人劳累、困乏、困惑的时候，更要加倍警惕。德国哲学家黑格尔说："自卑往往伴随着懈怠。"它是你前进道路上的绊脚石，可以使一个人活动的积极性与能力大大降低。虽然偶尔短时间地滑入自卑状态是正常现象，但长期处于自卑之中就是一场灾难了。自卑的根源是过分否定和低估自己，过分重视别人的意见，并将别人看得过于高大而把自己看得过于卑微。

只有控制住自卑心态，人们才会敢于积极进取，成为一个有主动创造精神的人，才能开拓事业的新局面，也才会有积极的人生态度，才会活得开朗、开心，才会勇于承担责任，成为一个有责任心的人。而任何一个在事业上有所作为的人，都是有责任心的人。只有扔掉自卑，才会在平时积极思考，才会产生奇迹；才会积极跨越各种障碍，成为一个不怕困难的人；才会积极主动地去结交新朋友，改善和旧朋友的关系，才会取得成功。

自卑心理所造成的最大问题是不论你有多成功，或是不论你有多能干，你总是想证明自己是不是真的如此多才多艺。换句话说，许多人都倾向于为自己设定一个形象，而不肯承认真正的自我是什么。因为他们的想法总是倾向于自我认定的多。举个例子来说，如果你一直担心自己瘦不下来，每次在量腰围时你就会嘀咕一下，而完全忘了你的身体正处在最佳的健康状态。

你总是把自己认为的劣势时时刻刻放在脑子里，提醒自己还存在不足，并把这些不足和他人的优势相比较。因而，越比越觉得己不如人，越比越觉得无地自容，从而忽略了自己的优势，打击了自信心。事实上，"金无足赤，人无完人"。在你的眼里比较优越的人并不一定占优势，相反，在他人的眼里可能你比他更优秀。

所以，有时你需要一点阿Q精神。况且你也该知道自卑往往会让你更消极、更萎靡，长期下去会形成自我压抑。

把自己囚禁在孤独城堡中

有自卑情结的人可能会很胆小，由于要避免可能使他感到难堪的一切，他就什么也不做；由于害怕别人认为自己无知，就忍住不去征求别人的意见；由于担心受到拒绝，就不敢去找个好工作。由于压抑，自卑的人会变得更加敏感。日益敏感，再加上日益怯懦，精神状态就日益低落。一个有自卑情结人不能长时间把精力集中在任何事物上，只能集中在他本人身上，因而常常不能实现自己的愿望。

格格家里的条件不好，虽然生在大都市，但却几乎未领略过大都市的繁华。

复读了两年以后，格格终于考上了一所不错的大学，现在已经 25 岁，刚刚大学毕业，有了一份还算不错的工作，但是 25 岁的她还没有交过一个男朋友。

格格觉得自己长得不够漂亮，也很在意糟糕的家庭环境，但是在日常生活中，她并未将这些表现出来。

格格在同事面前显得骄傲和霸道，虽然与大家相处得还算不错，但她自己知道这种骄傲和霸道是多么地不堪一击。

在对待异性方面，格格有过失败经历——常常是她刚刚对人好一点，对方就表明态度——只能做朋友。几次以后，格格开始排斥异性，她甚至开始不善于与异性交谈、相处了。不过，看着身边的人都成双成对，她又忍不住心生忌妒。

格格似乎很着急把自己嫁出去一样，这种着急近乎盲目。每每遇到想和她做朋友的男士，她就会开始以为能和对方有点什么，并且不由自主地喜欢，而当其得知对方并没有这层意思、是她自己多想了的时候，原先的喜爱就会变成一种怨恨：

"原来他在耍我！"

"这个男人不是什么好家伙！"

"我还不稀罕与这样的人交往呢！"

从此形同陌路，老死不相往来，苦大仇深一般。但要知道，对方原本就只是想与她做好朋友而已。

从格格的行为来看，她骨子里是自卑的，而且这种自卑已经到了病态的程度。通常，每个人或多或少都会产生些自卑情愫，但是甚微，几乎不能影响到的生活。可如果让自卑控制了你，那么你在自我形象的评价上会毫不怜悯地贬损自己，不敢伸张自己的欲望，不敢在别人面前申诉自己的观点，不敢向别人表白自己的爱情，行为上不敢挥洒自己，总是显得拘谨畏缩。另一方面，对外界、对他人，尤其是对陌生环境与生人，心存一种畏惧。出于一种本能的自我保护，便会与自己畏惧的东西隔离和疏远，这样便将自己囚禁在一个孤独的城堡之中了。

　　世界上大多数不能走出生存困境的人，都是由于对自己信心不足，他们就像一棵脆弱的小草一样，毫无信心去经历风雨，这就是一种可怕的自卑心理。

别人看你挺好，你把自己当草

　　我们不能忽略这样一个现象，在当代，很多娱乐节目、选秀节目、电影、小说都在消费苦难，对痛苦进行病态的审美，仿佛非要较个"谁比我更惨"的真。很多原本便多愁善感的文青都沉溺其中，尤其是女文青往往会认为《红楼梦》中黛玉"葬花吟"的情愫是诗一样美丽的。但事实上，这种情愫在文艺作品中欣赏一下即可，真的把它带到生活中，并没有多少好处和美感。当一个人不断强调和暗示自己多么可怜、多么悲惨时，他极有可能就真的变得很惨了。这在心理学上叫"自我实现的寓言"，就是说你内心的想法创造了你个人的实相。

　　张女士今年才 36 岁，给人的感觉就像到了更年期一样，她在朋友、同事面前做得最多的事就是抱怨自己的"不幸"：丈夫的收入没有朋友的老公高；孩子不像同事家孩子那样听话；大学时样样不如自己的人，现在开着豪车住着豪宅，等等。她一边抱怨，一边说自己可怜，说着说着眼圈就红了，声音也开始哽咽了。事实上，张女士的生活在同龄人中算是不错的：老公是一家事业单位的骨干；一儿一女都长相清秀，聪明伶俐；她本人也拿着不低的工资；生病了还有医疗保险……可是，张女士将注意力都集中在了那些"可怜"的事情上，见人就说，弄得朋友、同事也对她敬而远之，往往张女士一开口，大家都唯恐避之不及，觉得她太矫情，"明明挺好的，干吗'故意'把自己说得那么惨……"

从心理学来看，张女士其实是产生了自怜情结。这种情结是随着社会进步而蔓延开来的。一方面，商品经济社会不可避免地令人的欲望升腾，现实与需求之间的鸿沟越来越宽，让人备感失落；另一方面，生活条件的改善让人们拥有了更多的控制感，而对"失去"的担心让人们越发觉得心里没底、最终丧失了平常心。于是，在这种心理失衡的背景下，人们经常感到自己"太不容易了"。

"自怜"的发展会经过两个阶段：

第一阶段是假性自恋，内在的原因往往是希望获得理解，维护自己的"自尊"。一些人觉得自己生活得不如别人，于是便利用各种可能的场合，向大家解释造成这种状况的各种"不可控"因素，表现为自怜，譬如说，向别人表示自己怀才不遇，一再强调不是自己不行，而是领导有眼无珠。

第二阶段才是真性。当假性自怜成为一种习惯以后，随着时间的延长，当事者会产生抑郁情绪。到了这一个阶段，他们已经很难意识到自怜的初衷——维护自尊，而是深陷其中。这个时候，别人看他们挺好，他们却拿自己当草，陷入自卑自怜的恶性循环之中。

现代都市中，像张女士一样喜欢"自怜"的人不在少数，他们就像祥林嫂一样，逢人便诉说自己的"不幸遭遇"，似乎这个世界上最值得同情的人就是他自己。他们原本是希望得到别人的理解和认同，结果却让周围的人越发反感，导致自己的生活圈子越来越狭小、朋友越来越少。

其实，自怜和冷热痛痒一样，也是一种自我察觉，是对现在状态的自我评价，然后会有相应的情绪和行为来进行自我调节。从这个角度上说，自怜虽然是一种消极心理，但适当的自怜也是有益身心的。打个比方来说，知道冷了就添衣显然有助于身体健康，那么"委屈"就像是心理健康的警戒线，督促人们及时心理"排毒"，这显然对身心健康也是有益的。不过，凡事过犹不及，自怜心理一旦过了头，对人对己都是祸害。最终像黛玉一样一腔幽怨化作淋漓鲜血也不无可能。

其实，自怜大多源自于对生活的失控感。虽然"掌控"的感觉非常好，但必须承认，这个世界上人所无法掌控的事情太多，别人的世界无法掌控，未来无法掌控，甚至有时连自己都无法掌控，失控感是人生中常常需要面对的事情。竭力想要掌控一切，必然会带来压力与焦虑，适度的放松控制，对身心都是一种平衡和益助。允许失控感的出现，接纳生命中出现的那些失控与失序，不要求一切尽在掌控，心就会进入一个更高层次的境界。

客观地面对失控感，每个人都有自己的不容易，不要轻易诉苦，乐观看待生活，看待每个当下生活交出的课题。与人交流时，保持客观才是一种乐观，这种客观让你看起来阳光、可爱、真诚、可敬。

天生的缺陷，不是堕落的借口

对于一个人来说，缺陷确实是一件非常残酷的事情，可你不能因此而自卑消沉。既然缺陷无法改变，那么就要正视它，把它当成前进的动力。这样一来，缺陷也就有了价值。

"假如我能站起来吻你，这个世界该有多美啊！"

这句话是张海迪对自己的丈夫说过的一句话。可是，张海迪不能站起来，命运让她坐在轮椅上过她的一生。那么，在张海迪的眼里，这个世界就不美了吗？不是，在张海迪的眼里，这个世界依然美丽，只是自己只能坐在轮椅上欣赏这个世界的美丽。缺憾并不妨碍她笑对世间的心情。她有一个爱她的丈夫，有一个令许多健全人都羡慕的温馨的家。她不会因为身体的残疾逃避世人的目光。相反，她更注重与人的沟通。她会让别人给她倒水、会让人帮她拿放在高处的东西、会让人推着她出席各种活动……她丝毫不会觉得自卑、羞于见人，所以，她活得洒脱、活得幸福。

幼时的张海迪与常人无异，爱唱、爱跳、爱玩、爱闹。但不幸在她5岁时降临了，她被确诊为脊髓血管瘤，经过了多次脊椎穿刺之后，病情仍不见好转。

全家人从农村返回莘县县城，那时的张海迪最想要的就是工作，她盼望能早日成为自食其力的人，但由于身体残疾，张海迪一直待业在家。深深的痛苦困扰着她，特别是当她无意间发现了自己的病历卡，张海迪萌发了轻生的念头。

但在家人的帮助下，张海迪的情绪逐渐稳定了下来。冷静思考之后，张海迪学起了针灸，诊断并为周围的人治病。在不断地学习和帮助他人的过程中，她看到了自己的价值，并从自卑的阴影中走了出来，最终活出了自信和光彩。

美国的国会议员爱尔默·托马斯曾说：

"我15岁时，常常为忧虑恐惧和一些自卑所困扰。比起同龄的少年，我长得实在太高了，而且瘦得像根竹竿。我有6.2英尺高，体重却只有118磅。除了身体比别人高之外，在棒球比赛或赛跑各方面都不如别人。他们常取笑我，封我一个'马脸'的外号。我的自卑感特强，不喜欢见任何人，又因为住在农庄里，离公路远，也碰不到几个陌生人，平常我只见到父母及兄弟姐妹。

"如果我任凭烦恼与自卑占据我的心灵，我恐怕一辈子也无法翻身。一天24小时，我随时为自己的身材自怜，别的什么事也不能想。我的尴尬与惧怕实在难以用文字形容。我的母亲了解我的感受，她曾当过学校教师，因此告诉我：'儿子，你得去接受教育，既然你的体能状况如此，你只有靠智力谋生。'

"可是父母无力送我上学，我必须自己想办法。我利用冬季捉到一些貂、浣熊、鼬鼠类的小动物，春天来时出售得了4美元。再买回两头猪，养大后，第二年秋季卖得40美元。以这笔钱，我到印地安纳州去上师范学校。住宿费一周1.4美元，房租每周0.5美元。我穿的破旧衬衫是我妈妈做的（为了不显脏，她有意用咖啡色的布），我的外套是父亲以前的，他的旧外套、旧皮鞋都不合我用，皮鞋旁边有条松紧带，已经完全失去了弹性，我穿着走路时，鞋子会随时滑落。我没有脸去和其他同学打交道，只有成天在房间里温习功课。我内心深处最大的愿望是，有一天我能在服装店买件合身而体面的衣服。"

想想当时爱尔默·托马斯的处境是多么悲惨，生理的缺陷和生活的贫穷同时困扰着他。但托马斯没有消沉，在克服了自卑之后他的人生之路越来越顺利，后来，托马斯成了俄克拉荷马州的国会议员。

愈研究那些有成就者的事业，你就会愈加深刻地感觉到，他们之中有非常多的人之所以成功，是因为他们开始的时候有一些会阻碍他们的缺陷，促使他们加倍地努力而得到更多的报偿。正如威廉·詹姆斯所说的："我们的缺陷对我们有意外的帮助。"

不错，很可能弥尔顿就是因为目盲，才写出更好的诗篇来，而贝多芬是因为听不见了，才作出更好的曲子。

海伦·凯勒之所以能有光辉的成就，很大程度是因为她的盲和聋，促使她奋斗。

"如果我不是有这样的残疾，"那个在地球上创造生命科学基本概念的人写道，"我也许不会做到我所完成的这么多的工作。"达尔文坦然承认他的残疾对他有意想不到的帮助。

在现实之中，我们不能不承认自己在某些方面"确不如人"，这是很自然的事。但是，这种现实的差距并不代表我们就是一个没有能力的"低能儿"，更不应把这种差距变为自己失败的借口。

每个人都不会是"十分完美"的，都有各自的缺陷，但也有自己突出的优点。突出你的优点，正视你的缺陷，这就是你要做好的事。

不要看低自己

走过的路告诉我们，如果你想要很认真地活着，但别人不看重你，这个时候你一定要看重你自己；如果你希望得到更多的关注，但别人不在乎你，这个时候你一定要在乎你自己。你自己看重自己，自己在乎自己，最后，别人才会看重和在乎你。

你最不能犯的错误，就是看低自己，其实每一个独立存在的个体，都有着别人无可替代的特点与能力。当别人的评价让你感到无所适从时，没关系，只要你知道曾经有一个独特的、与你气质相近的人成功了，那么就不必再为俗人的眼光而感到苦恼。对于别人的打击，你可以做出两种反应：要么被击垮，躲在角落里哭泣，朝着他们想看到的样子沉沦下去；要么选择无视，就做最真实、最好的你自己，坚持到底。结果是，前者会泯然众人，而后者往往会惊天动地。

他在北京求学时，为了生存不得不去卖报，每天他不论刮风下雨，寒冬酷暑，而他卖报所得钱全部用来买国外有关物理方面的杂志，只剩下买馒头榨菜的钱。生活上的苦和人们别样的眼光他从没有怕过，但他经常要去听一些学术报告，每次头发乱蓬蓬，戴了一副700度的近视眼镜，只穿一双旧黄球鞋、不穿袜子的他成了门卫拦截的对象。

所有的苦，所有曾被人看不起的辛酸与那张波士顿大学博士研究生录取通知书相比，都是微不足道的。他就是留美博士张启东，他终于可以抬起头对所有看不起他的人说："你们看错了！"

如果说人生是一盘大餐，那么餐桌上必然有酸、甜、苦、辣。现实生活中，许多人因为各种原因总怕被人看不起，的确，十根手指伸出来还不一样长，每个人都会有不同的优缺点，或是生活贫困，或是自己其貌不扬，或是在公司里地位低下，人微言轻，或是自己口才不好，人缘较差，或是身体的先天残障，这都可能是被人看低的因素。其实，这所有的一切都不可怕，可怕的是你对待它的态度，一个人无论生存的环境多么艰难，有一颗自强自信的心是最重要的。

其实只要你愿意，太阳就会注视着你，月亮就会呵护着你。你完全可以"自恋"一些，就当那和煦的春风是为你而来，就当那五彩缤纷的鲜花是为你而开，就当那青青河边草是在为你的诗增添意境，就当那高山流水是在见证你生活的足迹，就当那自在漂流的白云是你忠实的幸福信使。这个世界，有一千个、一万个理由让你不要轻贱自己。

就算你现在的生活有点卑微，但那也只是就一时的境遇而言，绝不会是人格上的卑微，除非你甘愿自暴自弃。人生，有无数种开始的可能，同样也有无数种可能的结果，今天的强者，曾几何时未必不是个弱者，由弱到强的转变，靠的就是心中始终憋着的那口气——那口不愿低人一等、不愿随波逐流的人生志气。而积聚起这口气的关键就在于，他们至始至终没有看低过自己。

同样地，你也不能看低自己，就算我们的起点很低，但这并不意味着我们不能出人头地，如果没有 10 米跳台，那么我们就从 1 米跳台跳起吧。

你最该欣赏的就是你自己

假如有一天，你穿着漂亮的服装走在街上，很多人都在看着你，你心里会怎么想？你会不会有这样的想法：我脸上没脏东西吧？我是不是有什么问题呢？别人对你的关注，反而让你觉得浑身不自在，好像哪里出了问题似的。

事实上，你用什么样的方式看待自己，就会得到什么样的自我评价。当你认为自己全身上下都是问题时，你的眼里就只会有问题，那么，你将看不到自己的优点。当然，你也不要觉得自己什么都好，假如你总觉得自己比任何人都强，你只会在自己身上找让自己满意的地方，你会看不到自己的缺点，这就进入了另一种极端，这显然也不是什么好事。

美国科研人员进行过一项有趣的心理学实验，名曰"伤痕实验"。

他们向参与其中的志愿者宣称，该实验旨在观察人们对身体有缺陷的陌生人作何反应，尤其是面部有伤痕的人。

每位志愿者都被安排在没有镜子的小房间里，由好莱坞的专业化妆师在其左脸做出一道血肉模糊、触目惊心的伤痕。志愿者被允许用一面小镜子照照化妆的效果后，镜子就被拿走了。

关键的是最后一步，化妆师表示需要在伤痕表面再涂一层粉末，以防止它被不小心擦掉。实际上，化妆师用纸巾偷偷抹掉了化妆的痕迹。

对此毫不知情的志愿者，被派往各医院的候诊室，他们的任务就是观察人们对其面部伤痕的反应。

规定的时间到了，返回的志愿者竟无一例外地叙述了相同的感受——人们对他们比以往粗鲁无理、不友好，而且总是盯着他们的脸看！

可实际上，他们的脸上与往常并无二致，什么也没有不同；他们之所以得出那样的结论，看来是错误的自我认知影响了他们的判断。

这真是一个发人深省的实验。原来，一个人内心怎样看待自己，在外界就能感受到怎样的眼光。同时，这个实验也从一个侧面验证了一句西方格言："别人是以你看待自己的方式看待你。"其实很多时候，导致我们人生糟糕的关键，就是我们的自我评价系统出现了问题，因为无法正确看待自己，我们把自己人生的高度设置得越来越低。

无论如何别把自己看得太低，或许你才是大众的焦点。你没有必要太在乎别人的看法，因为你永远是你，没有人能够取代你。是的，不要把自己看得太低，否则你对不起很看好你的父母兄弟。就算你不能挡住别人俯视的视线，但你完全可以改变自己的位置，就算不能让他们仰视，但至少可以与他们比肩而立！

真的，不要把自己看得太低，也不能把自己看得太低。你才是生命力的擎天柱，你更要为家人撑起一片天，你要将自己托起，托到一个足够高的位置。我们要学会用欣赏的眼光看自己，如此才能消除自卑，树立自信。才能给命运带来转机，给生命带来机遇和色彩。

小泽征尔是世界著名的交响乐指挥家。在一次世界优秀指挥家大赛的决赛中，他按照评委会给的乐谱指挥演奏，敏锐地发现了不和谐的声音。起初，他以为是乐队演奏出了错误，就停下来重新演奏，但还是不对。他觉得是乐谱有问题。这时，在场的作曲家和评委会的权威人士坚持说乐谱绝对没有问题，是他错了。面对一大批音乐大师和权威人士，他思考再三，最后斩钉截铁地大声说："不！一定是乐谱错了！"话音刚落，评委席上的评委们立即站起来，报以热烈的掌声，祝贺他大赛夺魁。原来，这是评委们精心设计的"圈套"，以此来检验指挥家在发现乐谱错误并遭到权威人士"否定"的情况下，能否坚持自己的正确主张。前两位参加决赛的指挥家虽然也发现了错误，但终因随声附和权威们的意见而被淘汰。小泽征尔却因充满自信而摘取了世界指挥家大赛的桂冠。

世界并没有我们想象的那么差。我们最不需要在乎的就是别人看我们的目光，但我们必须在乎的是看待自己的方式。你的心若凋零，他人自轻视；你的心若绽放，他人自赞叹。人言不足畏，最怕妄自菲薄，当我们以自信的态度看待自己，在别人的眼里，当下的你就是最美的。

8

屈服的羔羊

危险指数：★★★★

　　卑怯的人，即使有万丈怒火，除弱草之外又能烧掉什么呢？屈服是心灵的贫困，使生命脆弱到难以掌握。谁不能主宰自己，他就永远是一个奴隶。

丧失主权的生命

杨晓燕曾经是个活泼开朗的女孩，喜爱唱歌跳舞，大学学的是幼师专业，但是她毕业后，父母却托人把她安排到了一个机关工作。

这份工作在外人看来是不错的，收入高，福利也很好。但杨晓燕觉得机关的工作枯燥乏味，整天闷在办公室里，简直快把人憋疯了，她每天都迫不及待地要回家。可是回到家心情也不好，看见什么都烦，本来想着自己的男友会安慰安慰自己，可是偏偏男友又是个不善言辞的人，向他诉苦，他最多就说："父母给你找这么一份好工作不容易，还是先干着吧。"

杨晓燕很郁闷，工作没多久，她的性格就变了，整日郁郁寡欢。就这样一年又一年，杨晓燕越来越觉得自己的人生毫无意义，她不止一次地问自己：我活着究竟为了什么？没有理想、没有目标，她都不知道自己多久没有真心地笑过了。

人，到底是为了什么而活？为了父母，为了钱，还是为了爱情？事实上，人应该是为自己而活。人一生的时间有限，所以不应该一味为别人而活，不应该被教条所限，不应该活在别人的观念里，不应该让别人的意见左右自己内心的声音。最重要的是，应该勇敢地去追随自己的心灵和直觉，只有自己的心灵和直觉才知道自己的真实想法，而其他一切都是次要。

如果自我感丧失，那么生活将是苦不堪言的，没有自我的人生必然索然无味，一个人若是失去了自我，就没有了做人的尊严，更不能获得别人的尊重。人活着就是为了实现自己的价值，按照自己的意愿去活，不去迎合别人的意见。每个人都应该坚持走为自己开辟的道路，不为流言所吓倒，不受他人的观点所牵制。

毫无疑问，这是有一定困难的，如果今天周围的压力令你感到难过，那么你是无法完全摆脱这种压力的，人与人之间的影响毕竟存在。但是，不要因此就屈服，活在别人的意愿里，因为这并不表示你自己的"疆界"就已经宣告结束，你也用不着把你的疆界缩小。在你心中，也许有些力量正在你内心深处冬眠，等着你在适当的机会发掘及培养。

听话者的悲哀

曾经有一支德国的小队，在训练时，队长说"齐步走"之后，由于一些事情耽搁，没有发令"立定"，士兵们行进的方向恰好是一条河，在队长想起的时候，他的士兵们已经全部走进了河里，淹没！

德国人的纪律性天下闻名，不过这个故事的真实性还有待考证，当然，对于军队，纪律的绝对服从也确有其特殊的必要性，但是这并不意味着，听话就是正确的。

有一名中文系的学生，用心撰写了一篇小说，请作家批评。因为作家正患眼疾，学生便将作品读给作家听。读到最后一个字，学生停顿下来。作家问道："结束了吗？"听语气似乎意犹未尽，渴望下文。这一追问，煽起学生的激情，立刻灵感喷发，马上说道："没有啊，下部分更精彩。"他以自己都难以置信的构思叙述下去。

到达一个段落，作家又似乎难以割舍地问："结束了吗？"

小说一定摄魂勾魄，叫人欲罢不能！学生更兴奋，更激昂，更富有创作激情。他不可遏止地一而再、再而三地接续、接续……最后，电话铃声骤然响起，打断了学生的思绪。电话找作家，有急事。作家匆匆准备出门。

"那么，没读完的小说呢？"学生问。

"其实你的小说早就该收笔了，在我第一次询问你是否结束的时候，就应该结束。何必画蛇添足、狗尾续貂呢？该停则止，看来，你还没把握情节脉络，尤其是缺少决断。决断是当作家的根本，否则，绵延逶迤，拖泥带水，如何打动读者？"

学生追悔莫及，自认性格过于受外界左右，作品难以把握，恐不是当作家的料。

很久以后，这名年轻人遇到另一位作家，羞愧地谈及往事，谁知作家惊呼："你的反应如此迅捷、思维如此敏锐、编造故事的能力如此强盛，这些正是成为作家的天赋呀！假如正确运用，作品一定脱颖而出。"

两位作家，究竟谁说的是对的呢？其实，凡事没有一定之论，谁的"意见"都可以参考，但永远不要丢失自己的"主见"，不要让他人的话成为自己前进的障碍。

如果遵照家里的安排，波伏娃很可能就是一个中产阶级主妇，像她妈妈一样遭遇中年危机，可能老公会出轨，然后把所有怨恨都倾泻给孩子，而不再有机会以第二名的成绩通过巴黎教师资格考试——第一名是她后来的伴侣萨特。

如果按照长辈的轨迹生活，乔治·桑应该在偌大的庄园里默默成长，过着平顺的日子，而法国将不再有第一个穿长靴马裤出没文学沙龙，自己养活自己的异彩女作家。

如果听从父母的意见，相亲嫁人，费雯·丽或许只是著名律师霍夫曼的漂亮老婆，不会在亚特兰大熊熊的烈火中闪耀郝思嘉的绿色猫眼，登上奥斯卡领奖台。

很多人正是因为接受了自己的意见，才走上了与众不同的道路，虽然未必是坦途，却用自己的方式独立思考未来，充满惊喜和进步，活出了另一片天地。

多年前，在日本福冈县立初中的一间教室里，美术老师正在组织一场绘画比赛，同学们都在认真地按照要求画着画，只有一个小家伙缩在教室的最后一排。他实在不喜欢老师定的命题，于是便信手涂鸦起来。

到了上交作品的时间了，老师看着一张张作品，不住地点头，他深为自己的教育成果感到满意，作品里已经有了学生们自己的领悟，可以说，是对日本传统画作的继承和发展。

但唯有一张画让他大跌眼镜，作者是个叫臼井的家伙，老师的目光从画作上移到了最后一排，接着看见这个名不见经传、有些另类却又有些特立独行的家伙在冲着他冷笑。

他大声怒斥起来："臼井，你知道你画的是什么吗？简直是在糟蹋艺术。"

小家伙闻听此言，吓得将脑袋垂了下来，老师接下来让大家轮流传看臼井的作品，他用红笔在作品的后面打了无数个"叉叉"，意思是说这部作品坏到了极点。

他画的是一幅漫画，一个小家伙，正站在地平线上撒尿，如此地不合时宜，如此地不伦不类。

这个叫臼井的家伙一夜出了坏名，学生们都知道了关于他的"光荣事迹"。

这一度打消了他继续画画的积极性，他天生不喜欢那些中规中矩的传统作品，他喜欢信手涂鸦、一气呵成，让人看了有些不解，却又无法对他横加指责。

在老师的管制下，他开始沿着正统的道路发展，但他在这方面的悟性实在太差了。

期末考试时，他美术考了个倒数第一名，老师认为他拖了自己班的后腿，命令他的家长带着他离开学校。

他辍了学，连最起码的受教育的权利也被剥夺了，于是，他开始了流浪生涯，不喜欢被束缚的他整日里与苍山为伍，与地平线为伴，这更加剧了他的狂妄不羁。

那一年春天，《漫画 ACTION》杂志上发表了《不良百货商场》的漫画作品，里面的小人物不拘一格，让人忍俊不禁，看来爱不释手。作品一上市，居然引起了强烈的反响，受到长久束缚的日本人在生活方式上得到了一次新的启发，他们喜欢这样的作品。

又一年，一部叫《蜡笔小新》的漫画风靡开来，漫画中的小新生性顽皮，做了许多孩子愿意却不敢做的事情，典型的无厘头却得到了意想不到的结果，被拍成动画片后，所有人都记住了小新，以至于不得不加拍了连载。

臼井仪人，这个天生才气逼人的漫画家，注定不会走传统的老路，如果他仍然沿着美术老师为自己铺好的道路发展，恐怕这世上不会有蜡笔小新的诞生。

关于你的未来，只有你自己才知道。既然解释不清，那就不要去解释。想要成为一个真正的人，首先必须是个不盲从的人。你心灵的完整性是不容侵犯的，当我们放弃自己的立场，而想用别人的观点去看一件事的时候，错误便造成了！一个人，只要认为自己的立场和观点正确，就要勇于坚持下去，而不必在乎别人如何去评价。

如果我们真的成熟了，就不要再怯懦地到避难所里去顺应环境；我们不必藏在人群当中，不敢把自己的独特性表现出来；我们不必盲目顺从他人的思想，而是凡事有自己的观点与主张。坚持一项并不被人支持的原则，或不随便迁就一项普遍为人支持的原则，固然不易，但是只要你做了，就一定会赢得别人的尊重，体现出自己的价值。

一味迁就是对自己的不尊重

佳丽没别的毛病，就是天生的耳根子软，别人说什么她听什么，大家背地里都戏称她为"应声虫"。比如说中午订餐，同事问佳丽吃什么，她犹犹豫豫地想了一会儿说："吃扬州炒饭吧！"同事一听："扬州炒饭有什么好吃的，要鱼香肉丝盖饭吧！"佳丽赶紧点头："行，行，行！"不但生活中这样，工作中也是这样，她从来也提不出什么像样的意见，什么事都听人家的，所以单位里开会时，佳丽永远是坐在角落里发呆的那一个。像她这样，又怎能得到老板的重视呢？

办事没有原则，有时就表现为一味地迁就、顺从别人。由于自己没有立场，所以很容易被他们所诱惑或利用。迁就别人，表面看来是和善之举，但实际上则是软弱的表现。软弱到一定程度，就会逐渐失去自信力，而没有自信力的人是很难成就什么大事业的。有时，性格上的自卑和懦弱，也表现为没有自己的立场和观点。自卑，就会觉得处处不如别人，怯懦则往往会导致卑微。时时看着别人的脸色行事，怎么能走自己的路呢？其实，我们做人根本无须这样。

要知道，凡事都要有个度，不能过度，否则就是没有原则。什么事情没有原则，只会带来不良后果，而不会有什么好的结局。

一个人出门去旅行，走啊走，走得脚都起泡了。腿开始大声向主人抗议："停下来！为什么受累的只有我，你为什么不试试让手走路？""可是手本来就不是用来走路的呀！"主人为难地说，但在腿的坚持下，他只好趴在地上，用手艰难地往前走，不一会儿手就磨破了，手也朝主人发起火来，正在这时，一个骑着马的人从后面赶来，看到走路人的窘状，就说，愿意把马让给路人骑，但希望路人送他一条腿，那个人本来坚决不同意，但在手和脚的劝说下，他还是割了一条腿，当然从此以后他再也不能从马上下来走路了。

人总要有自己的原则、自己的立场，不能只一味迁就别人，一点主见也没有。这里的原则既包括办事的方法，也包括日常生活中为人处世的立场、原则，少了哪个都会给你带来困难，并将影响你的生活。过于迁就别人的人很容易就会吃亏！

三毛在美国留学时，曾与几名外国女学生同住在一个宿舍。生就具有东方女性美德的三毛，为了能够早日融入这个集体，坚持每天早起，将寝室内一切杂务通通揽到手中。

同室的几个外国女学生散漫成性，内衣、鞋袜到处乱扔，每日起床连被褥都不整理，便草草化妆，扬长而去。日复一日，三毛俨然已经成为了她们的"女佣"。

一次，三毛身体不适，精神憔悴，便没有清扫房间。外国女学生回来以后，看到满屋凌乱，便纷纷对三毛发起了攻击。

三毛终于忍无可忍，将一些原本整齐的物件乱扔出去，口中大喊："我也是前来留学的，不是你们花钱雇来的佣人！我凭什么一定要给你们收拾房间？我做了这么多，你们领情吗？你们难到就不会自己动手整理吗？"

一群外国女学生呆住了，此后她们再没有将三毛当作"女佣"看待……

为人宽宏，助人为乐，不计得失，自是值得称赞，但凡事都要有个底线。倘若一味迁就，让美德泛滥，就会助长别人的恶习，让他们感觉你"好欺负"。所以有时，我们也需要适当放下无谓的美德。

著名漫画家蔡志忠先生讲过这样一句话："每块木头都是座佛，只要有人去掉多余的部分；每个人都是完美的，只要除掉缺点和瑕疵。"正是如此，每个人都有他自己的长处，为什么非要去迎合别人的口味呢？

人若想主宰自己的生活、主宰自己的事业，就要在做事之前多动动脑筋，不要轻易听从他人的意见，要有自己的一套规则。这样做，有时会使你收到意想不到的效果。

欲罢不能的好人情结

我们可能对"好人"这个概念产生了误读。

有不少的人觉得，对所有人都友善，有求必应，想方设法帮助别人，毫不利己专门利人，这样做了就是"好人"。他们是这样想的，也是这样做的，并以此为荣。对这些人而言，做"好人"不仅是一种习惯或行为方式，而且更是一种与他人建立关系的特殊方式。

事实上，一心做好人并不是一个无大碍的问题，它也是一种心理病，心理学上称为"好人综合征"。"好人综合征"源于人们对自我价值的信心匮缺，于是希望用做好事来换取外来的赞美与认可，这种需求一旦形成心理定式，就会严重降低行为者的判断力和自控力，进而演化成一种可以称为"癖"的习惯和依赖。

格勒弗医生是诊治"好人综合征"方面的权威，也是《不再当好人》一书的作者。他指出，几乎所有的好人在意识或下意识中都有类似于这样的想法：如果我把缺点藏起来，变成别人希望我成为的那个样子，那么别人就会肯定我，觉得我好，也会敬重我，重视我。这样，我的生活就有了意义，有了价值，我也就找到了幸福。实际上，这种幸福的感觉或自我意识的满足取决于他人对我的看法，我自己并不能把握它，因此我实际上并不幸福。

这种情况可能在我们很小的时候就出现了。

幼年时，我们学会了看父母的脸色；上学时，又格外注意老师、同学的看法，渐渐形成了按他人想法去生活的倾向。再以后，我们在赖以生存的社会及人际关系中，渐渐把自己塑造成了一个连自己都信以为真的"好人"，并一直维持着这个形象，以期望从中获得安心感和自信感。

然而这个"好人"，其实是我们刻意塑造出来的，很大程度上，他并不是真实的自己，是与"本来的自己"背道而驰的。所以，即便那个塑造出来的我不断告诉本来的我，这样做是对的，但本心并不会感到真正的自信与快乐。

此外，这种不顾一切做好事的行为，也会让自己付出高昂的代价，如果一个人太顺从，不能为自己挺身而出，没有了自己的声音，那么就很容易受欺负。另外，"当好人"也不是好人一个人的事情，这往往会给家人带来很大的困扰，让他们也跟着自己受罪。

罗女士就职于一家大型国有企业，她就是一个"老好人"，总是希望所有人都能喜欢自己。罗女士每天都笑容满面地出现在大家面前，帮大家买饮料，复印文件……时间久了，大家也就真的不拿罗女士当外人了，很自然地支使她做这做那，做不完的工作都推给罗女士，加班也总是第一个想到她。

最近，罗女士的老公去国外出差，罗女士很主动地对大家说，可以帮大家从国外带点化妆品、衣服一类的小商品。于是当天下午，一张密密麻麻罗列着衣装、化妆品、包包、婴儿配方奶粉的清单送到了罗女士的面前。罗女士的老公接到这张清单以后，立刻打电话给她，指责她不应该这样大包大揽，因为自己是去工作，不是去旅游，哪有那么多时间选购这么多的物品。并且表示，这次自己不会给罗女士的同事带任何东西，希望罗女士能改掉这种"好人病"。

罗女士觉得老公这是在给她难堪，两人隔着电话吵了几句，之后便进入冷战状态，罗女士难过不已。但最让罗女士崩溃的是，自从递来这张清单后，同事们隔三岔五就问："你老公怎么还不回来啊？出差要这么久吗？家里还等着用呢！"罗女士听了真是很受伤：明明自己是在做好事，怎么反倒觉得自己像个佣人似的。

大多数习惯于取悦他人者，对拒绝和敌意有着根深蒂固的畏惧和焦虑，从小就学习如何尽力避免拒绝他人引起敌意，因此戴上友善的面具，只考虑他人而忽略自己，"他们希望感到被人需要"。

"极端无私是一种用来掩盖一系列心理和情感问题的性格特征。"不计后果地做好人，不计代价地希望别人认可你、喜欢你，这样的行为，表明一个人的心理健康已经出现了问题。要改变这种长期以来的行为习惯，需要经过一番"痛苦的努力"，为自己树立一个合理的标准：谁可以接纳，接纳到什么程度；为谁可以付出，付出到什么程度。在这个过程中，你需要直面自己的恐惧和担忧，当然，无论如何你必须回应别人的需求，但前提是不能违背自己的意愿。换言之，在爱别人之前，要先学会爱自己。

依赖，让女人丢失了幸福

姜琪长得漂亮，很多人都这么说，姜琪便越觉得自己与众不同了。

姜琪嫁的丈夫叫马芮。马芮长得人高马大，特别有钱。娶姜琪的那天，整条街都热闹起来，一辆彩车开路，后面一排带花环的高档车随着，仅鞭炮碎片清扫工就推走了两车。

马芮对姜琪很好，钱随她花，街上唯一的一间精品屋好像是专门为姜琪开的。

一日，姜琪去朋友家打麻将回来，一进院便发觉气氛不对，在门厅里就听见马芮和一个女子的调笑声。

姜琪一脚踹开门，没等开口，却被马芮一脚又给踹了出来。没办法，姜琪只得隔着门喊了几声："你厉害，要鬼混滚到外边去！别在家里闹我的眼睛！"

马芮也听话，从此再也没有把别的女人领回家，只是自己回家的次数越来越少。姜琪依旧是买衣服、打麻将。忽然有一天姜琪住进了医院，医生说是郁闷成疾，恐怕没有几天活头了。

姜琪把自己的一切，都寄托在了丈夫的身上，尽管她得到了物质生活上的一切，可是为依赖付出的代价实在是太惨重了。

女人，不要做只会攀缘在成功丈夫身上的凌霄花，万一婚姻出了问题，你灿烂的人生就会落入尴尬境地。每个女人都渴望过美好、无忧无虑的生活，可如果把得到这种美好生活的希望寄托在嫁个成功男人身上，那你就该三思而后行了。

在现在的很多女孩看来，一个女人因嫁了个成功的丈夫而放弃自己的事业和追求，成为全职太太，似乎是一件很值得羡慕的事。可事实是不是每一个"成功男人"背后的女人，都如外人想象的那样幸福。

一些养尊处优的女人表面上风光无限，然而在曲终人散的时候，她们会有更深的寂寞和痛楚留在心的深处，无人知晓。一个女人可以凭着嫁得好而成为他人羡慕的富婆，成为全职太太，也可以有很多的钱，有洋房、汽车、24小时的休闲时间。找到这样的男人是你的眼力，嫁给这样的男人是你婚姻的成功。可是这样的女人背后的故事也很酸很涩，因为有钱的不是她，而是她的老公。一个成功的丈夫和他背后的妻子，两者的关系犹如上级和下级。她的顶头上司掌握着她的工资权、任命权和使用权，她虽无近忧却不能没有远虑。为了不从妻子的岗位上下岗，她必须有一个不太肥胖的身体，所以每天必须去健身房健美身体，风雨无阻；为了让从办公室回来的丈夫目光从女秘书身上移至自己身上落差不会太大，她必须经常光顾美容院，每天都要把自己装扮得永远美丽动人；为了留住丈夫的爱，她必须每天晚上睡在床上思忖着战略对策，如何进如何退，如何攻如何守；为了保住自己的根据地，她要紧追不舍地询问每一个打进家中的女人电话。她常站在阳台上窥视丈夫应声而出坐进的那部汽车，她不厌其烦地打听丈夫的出差路线，她编出各种理由突然出现在丈夫的办公室。她站在阳光灿烂的丈夫的影子中，诚惶诚恐，活得很累，所以说成功男人后面的那个女人不是站着的，而是趴下的。怎么趴下的？累趴下的。这时这些女人肯定在心底里呐喊：我不要汽车和洋房，我要从前的茅屋和渔网。

当这些女人历经种种努力，却感觉仍然被自己依赖的人所忽视时，往往自己已不是他的唯一，或者说，并不是他身边不可或缺的人了，这时她们才发现自己已和社会产生了严重的脱节，变得落伍了，无法适应社会了。这时的她们即便再有钱，也买不回以前的自信了。

舒婷的一首《致橡树》写得荡气回肠，既有女性的委婉缠绵，又有人格上的自主独立，新时期女性傲然独立而又温柔可人的特点跃然纸上。

依恋而不依赖的女人，就像舒婷笔下挺拔的橡树。"小鸟依人"让男人着迷因为它是依恋，依恋是亲密与激情的混合体，散发着独具魅力的芬芳。而依赖是一朵艳丽的毒蘑菇，消耗着男人的精力与心情，依赖中的女人大多是可悲而又可怜的。

不要在家暴面前成为绝望主妇

季晓光常被丈夫打得伤痕累累，可是面对媒体的关注她却采取了掩饰回避的态度，"家丑不可外扬，我没有被打，你们不许乱说！"

据居委会主任介绍，季晓光长期遭受丈夫打骂，居委会多次出面调解都没有用。主任说："我们也是接到邻居举报才知道的。我当初去找季晓光时，她不承认自己被丈夫打。后来有一天，我经过她家楼下，隐隐约约听见女人的哭喊声，敲开门看见季晓光趴在地上，她丈夫满嘴酒气，这样的事情不知道发生了多少次。"

女人，为什么在家暴问题上总是保持沉默？

男权文化和夫权思想是家庭暴力产生的历史原因。在中国，夫权统治贯穿了数千年的历史，这种历史传统，依然深刻地影响当代中国家庭。全国妇联的一项调查显示，在中国家庭中，约30%存在不同程度的家庭暴力，而施暴者九成是男性。

另一方面，部分女人本身的懦弱也使得施暴者越发地有恃无恐。很多女人缺乏自我保护意识，思想观念陈旧，深受"嫁鸡随鸡""家丑不可外扬"等传统观念的束缚，从未想到过反抗，也不愿对外人提及，只是默默地祈祷丈夫能够回心转意。结果呢？往往事与愿违。因此，女性的懦弱也是家庭暴力存在和升级不可忽视的原因。

所以说，女人不应该再沉默、再懦弱，应该学会保护自己。

当家庭暴力发生时，首先你可以拨打110报警。

公安机关在接到家庭暴力报警后，会迅速出警，及时制止、调解，防止矛盾激化，并做好第一现场笔录和调查取证；对有暴力倾向的家庭成员，会进行及时疏导，予以劝阻；对实施家庭暴力行为人，根据情节予以批评教育或者交有关部门依法处理。如果伤情严重，受害方可以到公安机关指定的卫生部门进行伤情鉴定，受害方可以到法院起诉实施家庭暴力行为人。

再不济，你还可以求助于媒体。

尹艳红是从山西来津当保姆谋生的，后来开了一家养老院。2003年9月，尹艳红经人介绍认识了张某并很快结婚。蜜月里，张某对尹艳红还算体贴，可婚后两个月，张某猜忌的本性就逐渐显露出来。第一次，张某怀疑尹艳红与二十多岁的小伙子刘某发生关系，抓住尹艳红的头狠命往墙上撞，并不停蹬踏其腹部，导致尹艳红的左眼青肿，视力模糊；第二次，张某无故打人，尹艳红上前阻止，又被他打得头破血流，两肋疼痛。尹艳红提出离婚，但被张某的妹妹和邻居劝下了。

此后，张某更加猖狂，"破鞋""窑姐"常挂在嘴边，并时常检查尹艳红的内裤，只要他觉得有异样就说尹艳红和别人发生关系，不分青红皂白就是一顿毒打。2004年9月初，张某再次诬陷尹艳红和别人有染，用手猛抠尹艳红的下体，致使其下体流血不止，还扬言要拿刀剁了尹艳红，尹艳红不得已从家里逃了出来。

事发后她向媒体求助，好心人为她找到了律师，无偿为她提供法律援助。尹艳红终于勇敢地向法院起诉离婚，在尹艳红的坚持和不懈努力下，张某终于同意离婚。后来，尹艳红在妇联的介绍下再次走进婚姻的殿堂，如今夫妻两人共同创业，过着幸福的生活。

说起当年的那段经历，尹艳红感慨万千，她说："在表面看似和谐的家庭中，不知道有多少像我当初一样的妇女忍受着家庭暴力，可她们碍于面子和孩子，不敢去反抗，有苦只能往肚子里咽。我想用自己的亲身经历告诉她们，勇敢地反抗，才能获得重生。"

由于不幸的家庭各有各的不幸，我们不能一概而论，开什么灵丹妙药，在此，仅提供以下几招，你可以选择适合自己的解决方式来应对家庭暴力。

1. 重视婚后第一次暴力事件，绝不示弱，让对方知道你不可以忍受暴力。

2. 说出自己的经历。诉说和心理支持很重要，你周围有许多人与你有相同的遭遇，你们要互相支持，讨论对付暴力的好办法。

3. 如果你的配偶施暴是由于心理变态，应寻找心理医生和亲友帮助，设法强迫他接受治疗。

4. 在紧急情况下，拨打"110"报警。

5. 向社区妇女维权预警机构报告。这个机构由预测、预报、预防三方面组成。各街道、居委会将通过法律援助站或法律援助点，帮助妇女提高预防能力，避免遭遇侵权。

6. 受到严重伤害和虐待时，要注意收集证据，如，医院的诊断证明；向熟人展示伤处，请他们做证；收集物证，如伤害工具等；以伤害或虐待提起诉讼。

7. 如果经过努力，对方仍不改暴力恶习，离婚不失为一种理智的选择。这也是目前摆脱家庭暴力的一种方法。

不管怎样，面对家庭暴力，女人千万不要做沉默的羔羊，你的妥协只会更加助长男人的兽性，使问题日趋严重。

在两性平等的爱情中间，谁也不应该惧怕或奴役对方。千万不要相信他的悔恨、道歉和眼泪，如果他真心爱你，保护你还来不及，为什么要如此摧残心爱的人呢？更何况这种施虐者的治愈率极低，而且不思改过。如果你不当断则断，就会永远徘徊在被他毁灭和他的允诺之间，永无宁日。

错把纵容当宽容

有的人会错以为宽恕就是无限度地纵容，这是误解了宽容的概念。一朵紫罗兰会把香气留在践踏它的人的脚上，这种大度才是宽容，可是如果紫罗兰敞开胸怀欢迎别人来践踏，那就是愚蠢地纵容了。宽容是我们为人处世的原则，但是，如果我们把宽恕变成纵容，那样于人于己反而不利了。

有一个女子向心理医生求诊，她明显是患了忧郁症，但是什么原因造成她的忧郁呢？只有知道这一点才能对症治疗。

原来，她的丈夫很喜欢喝酒，一喝醉就会动手打她。因为酗酒的缘故，她的丈夫没有一份工作是能维持长久的，所以她不得不到外面工作赚钱来贴补家用。每天回到家里，她还要做所有的家务，包括3个孩子大大小小的事情都需要她来处理。这使她身心俱疲，然而丈夫不仅不能给她任何帮助，还要常常殴打她，使她时时处于家庭暴力的恐惧之中，她还担心这样的生活会给孩子们造成不良影响。

医生问道："你的公婆对此有何意见？"

"他们都站在我丈夫那边。"女子无奈地说。公公婆婆偏袒自己的儿子，开始的时候她受到丈夫的殴打就会去请公婆做主，但公婆却反过来指责她没把事情处理好，才会激怒丈夫的。而妯娌姑嫂们，也都是自扫门前雪，谁也不帮她。到头来，她变成了一切问题的核心，明明是受害者，却必须负担"不要让丈夫生气"的责任。她不断受到伤害，却还要不断地受到别人的指责。而且，"所有人都要我宽恕他们。大家都说只有宽恕他们我才能够活得快乐。可是说真的，我真的很难做到去宽恕那些伤害我的人。"女子几乎崩溃了。

医生问："那你曾经报复过他们吗？"

"我想去报复，但是又不敢。而且我也会觉得困惑，难道真的是因为我的错，才导致丈夫打我？是不是因为我不好，才遭受这样的问题？我很担心自己是不是疯了。"

"你仔细想一想，是关心你的人多，还是伤害你的人多？"医生慢慢引导着她。

女子想了很久，回答："其实还是关心我的人比较多。"

"那么你花了多少心思在那些关心你的人身上？"医生问。

她一下愣住了。

"这就是问题的核心。"医生说，"你被丈夫伤害，也被婆家伤害，你一心寻求所谓的正义，但你又没有办法证明自己是对的。所以你什么事情都不能做，这就是你既焦虑又忧郁的主因。

但是伤害你的人就那么几个，关心你的人却很多，可你却老是花时间讨好那些伤害你的人，而把爱你的人弃之不顾。这难道合理吗？看看最爱你的人是谁？是你自己。围绕在你身边的、关心你的人又是谁呢？是你的朋友。你得在心中提升他们的地位。你应该多为自己和朋友们着想，而把伤害你的人在心中降级。你无须去追问他们为什么这样对你，也无须去讨论他们到底好不好，这些事情你想不明白，就不用去想。你要做的，就是减低他们在你心中的比重。丈夫想打你，你就去申请保护令，不然就跑。公婆喜欢指责你，你就不要有让他们开口的机会，他们一骂你你就借故离开，要不然就各说各话，不理睬他们的指责埋怨。"

她怯怯地说："可是这样，会被骂死的。"

"你又来了，你又在关心那些伤害你的人了。而且，说实在的，你就算配合他们，他们就会对你有好评吗？"

"我明白了。"女子想了想，又开始犹豫，"可是这样做不是违背了宽恕的真意吗？我不是应该去原谅他们吗？"

医生微笑道："不要着急，几个月之后你就会知道我为什么要你这样做了。"

一个月之后，女子来复诊。她的脸上开始有笑容了。几个月后，她再来的时候，整个人都变了样子：衣着亮丽，声音畅亮，一举一动看起来都很有朝气。乍看之下，很难想象这就是几个月前那个几乎崩溃的女子。

"这几个月来怎样？"医生问。

"简直是奇迹。我照着您说的话去做，我才发现，原来我身边有这么多人在默默地关心我！我的邻居、同事、朋友，甚至我的小姑们也是。我以前都没有注意过他们，而且也根本不在意他们。我真的把全部注意力都放在我丈夫身上了，而偏偏他伤害我最大！我干脆就不去理他。现在他一喝醉，我就躲开，让他连想打我也没机会。结果他竟然去打我婆婆，我婆婆气坏了，开始骂他。我现在除了必要的工作，其他事情都不管了。我把自己的时间放在和朋友们交际，还去做义工，而且，我还报名参加了才艺班。我要多学些东西。最令人高兴的是，这些日子我的心情越来越好，我的小孩也仿佛感染了我的情绪似的，越来越开朗了。"她神采飞扬地说。

"那你现在明白什么是真正的宽恕了吗？"医生微笑道。

"我不懂。"一丝阴霾浮现在她的脸上，"我现在还是偶尔会担心，我这样是不是太自私了？"

"是该告诉你答案的时候了。"医生说，"你觉得你丈夫为什么会打你？"

"我发现他很缺乏自信，小时候被父母保护过度，又不懂得怎么表达自己。当他发现自己得不到想要的东西时，就会把愤怒直接发泄出来。而我就成了他的受气包。"

"所以你过去的挨打，其实是在帮助他继续恶化，让他永远没机会学习正确处理事情的方法。"

"以后不会了。"女子尴尬地笑笑，"说实话，我觉得他这样很可怜。我想帮他，但又不知道该怎么做。"

"你需要的是知识、方法和资源。这些你可以在一些书籍和义工的工作中学习到，你也可以重回校园。还有其他问题吗？"

"等等，我还是不知道什么是真正的宽恕啊。"

"刚刚你就已经回答出来了啊。"医生笑道。

很多人都误把纵容当成宽恕，其实，纵容是懦弱的表现，而宽恕则是勇气的表现。一个人如果学不会爱自己以及爱所有爱他的人，那他就不会有足够的力量去抵抗懦弱，反而有意无意地帮助对方伤害自己。事实上，只有当你内心的力量比对方更强大的时候，你才有资格、有勇气去宽恕别人，这不仅仅是简单的自我牺牲。当你能够爱所有爱你的人，同时也不要配合伤害你的人继续来伤害你，更不要浪费时间在辩论孰是孰非上。倘若你能做到这些，就会开始积累力量，当你成为强者的那一天，你才会发现，要宽恕那个伤害你的人其实是如此容易的一件事。

在屈辱的骚扰中委曲求全

2 年前，李璐璐大学毕业，应聘到了西安一家大型事业单位工作。

这个单位的工作性质偏重理工，男性职员多，女性职员少。

相貌秀丽、身材婀娜、气质典雅的李璐璐刚一露脸，便在单位引起了不小轰动。

很多未婚青年向李璐璐发动了强烈的攻势，但都被她一一拒绝——她早已名花有主，而且，她对自己的男朋友非常满意，无心移情别恋。

和李璐璐同一个办公室的郑某见状，笑眯眯地夸奖李璐璐："你是个好女孩，感情专一，不爱慕虚荣，我欣赏！今天中午，一起吃个饭吧。"

郑某是办公室主任，三十多岁，已婚，工作能力很强，为人和善，行事严谨，在同事中口碑很好。李璐璐初到单位，人生地不熟，他给了李璐璐许多工作上的指点和生活上的帮助，李璐璐很是感激。

两人时有接触，郑某会找各种理由邀请李璐璐一起吃饭、喝茶、聊天。一些平日相处不错的姐妹劝李璐璐，不要和男同事走得太近。李璐璐心想，身正不怕影子斜。

故事的发展很老套：一日，两人一同吃过午饭后，郑某向李璐璐表白了自己的"爱意"。李璐璐慌忙拒绝："你已经结婚了，我们怎么可能？"

郑某说："我不要求你嫁给我，只要你允许我对你好。"

打这以后，郑某每天数条短信骚扰李璐璐，内容露骨——"我爱你""我的梦里都是你"……这些字眼儿让李璐璐心惊肉跳——万一被男朋友发现，解释不清啊！

除了语言攻势以外，郑某还发动了肉体袭击。他通过手中权力不时制造与李璐璐单独相处的机会，不是目不转睛地盯着李璐璐，就是动手动脚。有一次两人同去出差，他竟想要和李璐璐发生性关系，亏得李璐璐拼死反抗，他才作罢。

李璐璐苦不堪言，精神恍惚，甚至将上班当成了受罪。她也曾想过将此事反映给单位领导，可是缺乏有力的证据，何况郑某的口碑一向不错，她怕被他反咬一口，自取其辱。当然，还有一个最根本原因——她不想得罪郑某，害怕与他撕破脸，毕竟单位的福利待遇在全西安都是屈指可数的，李璐璐舍不得。

就这样，前怕狼后怕虎，李璐璐至今仍被这个噩梦困扰着。其实有时，正是我们的退让，才助长了色狼的气焰。

性骚扰，从古至今都有。办公室中的性骚扰更是难以对付，尽管厌恶至极，有时脸上又不得不笑若桃花——一个女人有多少黄金岁月能够奋斗？为了几个黄段子、几只咸猪手，丢了饭碗、毁了事业，是不是有点可惜呢？

然而，倘若一味忍气吞声，放任自流，又只会让那些骚扰你的人更加肆无忌惮、理直气壮，这带给当事人的困惑和压力是不言而喻的。很多女性朋友出于那些无法言说的尴尬和模糊，只能"英雄气短"，于是"贼"更猖狂。

毫无疑问，性骚扰是可怕的，更是非常龌龊的，而女性总是不幸地成为被攻击的对象。性骚扰为害之烈，不仅仅是对女性身体上的伤害，更是对女性精神上造成压迫，严重者会给女性的身心健康、工作、就业甚至家庭带来相当大的负面影响。那么，面对有可能发生的性骚扰，要如何保护自己呢?

1. 谨言慎行。正所谓"一个巴掌拍不响"，这话虽然粗糙，但也不是没有道理的。女性在工作场合，与男同事开玩笑时要把握分寸，绝不要乱传"荤段子"，尽量不要接受男同事的单独邀请，否则他会以为你对他"有意"。

2. 态度坚决。当有人对你意图不轨时，不要犹豫，严令喝止。事后可以冷若冰霜地"晒"他一段时间，让他的非分之想在冷却中逐渐化为泡影。

3. 大胆揭发。如果他的行为已经对你构成了严重伤害——不要再顾虑! 拿起法律武器捍卫你的尊严! 做人，尊严才是最重要的! 不过提醒大家，要注意搜集有力的证据。

骚扰事件层出不穷，作为女性，需要提高警惕，将骚扰事件平息在萌芽状态。一旦这种事情发生在自己身上，请不要沉默，我们要用一种积极的态度去对付它，捍卫自己的尊严。

9

超出理智的情绪

危险指数★★★★

人类的美不仅仅体现在外表，还体现在我们的修养上。如果你始终无法克制自己的坏脾气，它很有可能在你人生最关键的时候给你带来毁灭性的影响。

坏脾气总是把生活弄得一团糟

肖某是一个白手起家的大老板，他的事业做得很大，但与员工的关系却并不好，原因是他的脾气太暴躁，骂起员工来一点也不给人留面子。员工私下里说，一定是老板当打工仔时受了太多气，现在把气都撒到他们头上来了。肖某的一个老朋友看到他怎样对待员工后，叹息着说："你的脾气太大了，太能摆架子了，你想做垃圾堆里的老板吗？"后来肖某果然尝到了坏脾气的恶果：他的得力助手一个个离开他，他发现自己再也没有什么可指挥的了，事业也急转直下。

坏脾气总是会把我们的生活搞得一团糟，这不单单对我们的心情会有影响，还有可能会影响到我们与朋友之间的友谊，与家人之间的和睦，甚至改变我们一生的走向。怎么说我们也已经是个中年人了，不能再像个孩子一样任性撒泼，我们应认识到，被坏性格所左右会给我们的人生带来多么严重的后果。所以，好好克制住你的坏脾气吧，不要因为一时的冲动，毁了自己一辈子的快乐生活。

生活不可能平静如水，人生也不会事事如意，人的情绪出现某些波动也是很自然的事情。可有些人往往遇到一点不顺心的事便火冒三丈，怒不可遏，乱发脾气。结果非但不利于解决问题，反而会伤了感情，弄僵关系，使原本已不如意的事更加雪上加霜。与此同时，生气产生的不良情绪还会严重损害身心健康。

美国生理学家爱尔马通过实验得出了一个结论：如果一个人生气10分钟，其所耗费的精力，不亚于参加一次3000米的赛跑；人生气时，很难保持心理平衡，同时体内还会分泌出带有毒素的物质，对健康十分不利。

虽然人人都有不易控制自己情绪的弱点，但人并非注定要成为自己情绪的奴隶或喜怒无常性格的牺牲品。当一个人履行他作为人的职责，或执行他的人生计划时，并非要受制于他自己的情绪。要相信人类生来就要主宰、就要统治，生来就要成为他自己和他所处环境的主人。一个性格受到良好调控的人，完全能迅速地驱散自己心头的阴云。但是，困扰我们大多数人的却是，当出现一束可以驱散我们心头阴云的心灵之光时，我们却紧闭着心灵的大门，试图通过全力围剿的方式驱除心头的情绪阴云，而非打开心灵的大门让快乐、希望、通达的阳光照射进来，这真是大错特错。

我们是情绪的主人，而不是情绪的奴隶。

一个成熟的人握住自己快乐的钥匙，他不期待别人使他快乐，反而能将快乐与幸福带给别人。每个人心中都有把"快乐的钥匙"，但乱发脾气的人却常在不知不觉中把它交给别人掌管。我们常常为了一些鸡毛蒜皮的事情或者无伤大雅的事情而大动肝火，当我们对着他人充满愤怒地咆哮着的时候，我们的情绪就在被对方牵引着滑向失控的深渊。

想想我们的坏脾气给自己的生活带来了多么大的麻烦吧！当你用一张死板的面孔面对自己的同事和下属的时候，当你用不耐烦的口气挂断父母的电话的时候，当你回到家对自己的家人大吵大嚷的时候，他们都将会以怎样的心情承担坏脾气带来的不良氛围呢？如果长此以往下去，你一定会变成一个不受欢迎，被别人敬而远之的人。因为别人也是人，别人也同样有自己的脾气，没有人能够永远地去包容你的坏脾气，更不会有人能长时间地去容忍因为你的坏脾气给自己带来的麻烦。所以，我们应该努力管理好自己的情绪，以豁达开朗、积极乐观的健康性格去工作、去生活，而不是让急躁、消极等不良性格影响到我们自己和你身边那些最爱的人。我们不要让自己的情绪影响自己的心情，更不要让自己的坏脾气影响到别人的心情。毫无疑问，我们应该成为自己情绪的主人，这样才能营造一个健康快乐的人生。

冲动是魔鬼，谁碰谁后悔

郭冬临老师在春晚小品中曾说过一句颇为精辟的话——"冲动是魔鬼"，一时间成为大家津津乐道的口头禅。的确，冲动是魔鬼，人在"冲动"的驾驭下，往往会做出一些匪夷所思的举动，甚至不惜去触犯法律、道德的底线，为自己的人生抹下一道重重的阴影。

总的来说，赵某与妻子的感情还不错。但赵某有个习惯，下班以后喜欢下厨烧几个小菜，喝点小酒，而妻子对赵某饮酒则非常反感，经常在他喝酒时唠叨不止。

某天，赵某烧好饭菜，一边叫妻子一起吃饭，一边打开一瓶二锅头，妻子见他又拿起酒瓶，气不打一处来，便不肯吃饭，站在一旁唠叨不止……

赵某一杯酒下肚，情绪亢奋，越听越不是个滋味。突然间，他怒从心起，恶向胆边生，抄起桌上的一只大花碗朝妻子砸去，不偏不倚，正好打在了眼眶上。

这带着怒气横飞而来的一碗，力道着实不轻，妻子的眼部顿时红肿一片，她边哭边打电话向娘家人诉苦。半个小时以后，岳父、岳母、大舅哥同时到来。老太太心疼女儿，便开始数落起女婿的不是，怪他下手太狠，怪他有事不好好说，怪他动手打老婆……这你一言，我一语的，一家人闹得不可开交。

此时，赵某的酒劲发作，血气上涌，他走进厨房摸出一把菜刀，对着妻子大喊："你不是叫娘家人来助威吗？我今天就当着他们的面废了你！"

眼见他操起了菜刀，娘家人迅速跑到厨房，合力将赵某按住，大舅哥则从他手中夺下菜刀，放到安全处。这时的赵某彻底被怒气激昏了头，他奋力挣脱，又从旁边的碗柜中抽出一把20厘米长的水果刀。刚刚反身回来的大舅哥看到这种情况，赶紧上来夺刀，撕扯之间，赵某用力朝大舅哥的肚子上刺了一刀，对方旋即惨叫一声扑倒在地。看到鲜血不断地涌出，发狂的赵某终于清醒了，他扔掉水果刀，跌坐在地板上……

后经法医鉴定，受害者已构成重伤，赵某悔恨万分："我当时完全是一时冲动，只想拿刀吓唬他们一下，真的没想去伤人。"

可是，法律的威严是不容侵犯的，赵某事后被检察院以故意伤害罪批准逮捕，一个原本还算和睦的家也由此散了。

其实，人活于世，俗事本多，我们真的没有必要再去为自己徒增烦恼。遇事，若是能冷静下来，以静制动，三思而后行，绝对会为你省去很多不必要的麻烦。否则，你多半会追悔莫及。

有这样一则故事，颇有警示意义：

说是古时有一愚人，家境贫寒，但运气不错。一次，阴雨连绵半月，将家中一堵石墙冲倒，而他竟在石墙下挖到了一坛金子，于是转眼成为富人。

然而，此人虽愚笨，却对自己的缺点一清二楚。他想让自己变得聪明一些，便去求教一位禅师。

禅师对他说："现在你有钱，但缺少智慧，你为何不用自己的钱去买别人的智慧呢？"

此人闻言，点头称是，于是便来到城里。他见到一位老者，心想：老人一生历事无数，应该是有智慧的。遂上前作揖，问道："请问，您能将您的智慧卖给我吗？"

老者答道："我的智慧价值不菲，一句话要 100 两银子。"

愚人慨言："只要能让自己变得聪明，多少钱我都在所不惜！"

只听老者说道："遇到困难时、与人交恶时，不要冲动，先向前迈三步，再向后退三步，如此三次，你便可得到智慧。"

愚人半信半疑："智慧就这么简单？"

老者知道愚人怕自己是江湖骗子，便说："这样，你先回家。如果日后发现我在骗你，自然就不用来了；如果觉得我的话没错，再把 100 两银子送来。"

愚人依言回到家中。当时日已西下，室内昏暗。隐约中，他发现床上除了妻子还有一人！愚人怒从心起，顺手操过菜刀，准备宰了这对"奸夫淫妇"。突然间，他想起白日向老者赊来的"智慧"，于是依言而行，先进三步，再退三步，如此三次。这时，那个"奸夫"惊醒过来，问道："儿啊，大晚上的你在晃悠什么？"

原来那个"奸夫"竟是自己的母亲！愚人心中暗暗捏了一把汗："若不是老人赊给我的智慧，险些将母亲错杀刀下！"

翌日一早，他便匆匆赶向城里，去给老者送银子了。

常言道："事不三思终有悔，人能百忍自无忧。"冷静就是一种智慧！世间的很多悲剧，都是因一时冲动所致。倘若我们能将心放宽一些，遇事时、与人交恶时，压制住自己的浮躁，考虑一下事情的前前后后以及由此造成的后果，且咽下一口气，留一步与人走，人与人之间的关系就会变得和谐许多。

据说青年拳击手王亚为，某日骑车上街，在路口等红灯时，后面冲上来一个骑车的小伙子撞到他的自行车上。小伙子不但不道歉，反而态度蛮横，要王给他修车。王很是恼火，但是他极力控制自己的情绪不发作。这小伙子自不量力，口出狂言："你是运动员吧？你就是拳击运动员我也不怕，咱们练练？"一听对方要打架，王连忙后退说："别打别打，我不是运动员，我也不会打架。"因为他的示弱，一场冲突避免了。事后他说："我知道，我这一拳打出去，对普通人会造成多大的伤害。我必须时刻提醒自己要忍耐，示弱反而让我感到自己更强大。"

有道是："他强任他强，清风拂山岗；他横任他横，明月照大江！"我们做人，理应如王亚为这般，在无谓的冲突面前，晓得忍让，有时示弱即是强！示弱才能无忧！

那么，在遭遇突发事件时，我们如何才能控制住自己冲动的性格呢？

首先，我们要调动理智，使自己冷静下来。当我们遭遇强烈刺激时，一定要强迫自己——冷静、再冷静，迅速对事情的前因后果做出一个理性分析，以此"缓兵之计"来消除冲动，不要让鲁莽的性格、轻率的举动使自己陷入被动。

其次，我们可以用暗示等方法转移注意力。让我们生气的事情，一般来说都涉及我们的切身利益，的确，这很难一下子冷静下来。所以，当我们感觉到自己的情绪异常激动、即将爆发之时，我们可以用自我暗示等方法转移自己的注意力，使自己放松下来，克制自己的冲动性格。例如，我们可以在心里对自己说："冲动是魔鬼，谁碰谁后悔""先放放再说，没什么大不了的"；或者我们可以去做一些其他的事情，或者找一个安静的地方放松自己……事实上，这些方法都很有效。

一个配件引发的血案

22 岁的陈某与朋友在一家砖厂开车运砖。那天早晨 8 点多，二人开着农用车给附近一家照明企业运砖。当时，车子由于卸完砖后没有熄火，疏忽中与同来运砖的另一辆停着的农用车发生刮擦，造成对方的农用车大灯、反光镜等破裂。发生刮擦后，双方也谈妥了赔偿事宜，并让陈某载着对方的妻子去买配件。陈某驾车向城内开去，跑了两家配件店都没能买到相应的配件。在车子开向另一家汽配中心的途中，由于对方的妻子在车上一直唠叨，让陈某很是恼火，谁知这时车子又突然熄火，这无疑更加重了陈某心中的火气。他气急败坏地打开副驾驶车门，将对方妻子推出车外，塞给她 30 元钱，让她自己打车回去。对方妻子不依。陈某在将车子开上桥时，对方妻子一直用手攀住车门，并且大喊大叫。在下桥时，丧失理智的陈某猛踩油门，将她一下甩出车外，车后轮碾过她的身子。看到这情形，陈某自知闯祸了，开车就逃，并把车子藏了起来，然后乘车折回现场，看到地上一大摊血后，自知不妙的陈某逃往外地。

然而，天网恢恢，疏而不漏。在公安部门的大力侦破下，不几日陈某便落入法网，等待他的将是法律严厉的制裁。

只是为了生活中微乎其微的小事，一个生命就这样魂游天国，一个大好青年就这样身陷囹圄，等待陈某的不仅仅是法律的制裁，或许更多的会是良心的谴责。其实，如果双方当时都能对自己的情绪稍加控制，这起命案应该是不会发生的。

其实，生活中像陈某这样爱冲动的人并不少。这些人只要情绪一来，就什么都不顾，什么话难听说什么，什么事气人做什么，甚至不惜触犯法律，这是因为人的"情绪化"在作怪。

理论上说，人的行为应该是有目的、有计划、有意识的，这是人与动物的本质区别之一，但是，人的情绪化却能将这些全部颠覆，使人完全"跟着情绪走"，一遇什么不顺心的事，情绪就像一个打足了气的球一样，立即爆发出来；一旦自己的心理欲求无法满足，就会异常地愤怒。情绪化严重的人，给人的感觉就是——喜怒无常。

像陈某这样的人，应该学会正确地认知、对待社会上存在的各种矛盾。有很多情绪化行为都是由不会认知、不善处理人际矛盾引起的，所以一定要学会认识问题的方法，不能走极端，这样只能增加自己的暴戾情绪，使事情朝着更坏的方向发展；要学会全面观察问题，多看主流，多看光明面，多看积极的一面，从多个角度、多种观点进行多方面的观察，并能深入到现实中去；另一方面，要学会正确释放、宣泄自己的消极情绪，别让自己成为"高压锅"。

电脑前的狂怒人群

河南女孩晓琳在北京某公司做文案，工作离不开电脑，她这个人也没什么别的爱好，下班以后依旧是在网上看电影、聊天，同事、朋友都开玩笑说电脑就是她的"另一半"。可是前不久，晓琳却对她心爱的"另一半"莫名其妙地大动肝火，甚至破口大骂，将鼠标与键盘摔得乒乒作响。一向客客气气的她竟然还把气发泄到了同事身上。

"我就是控制不住自己，那段时间看到电脑就烦，也不想上班，肚子里火气很大，甚至看见电脑就想砸，幸亏当时同事制止，不然我们办公室的其他几台电脑也都让我砸烂了……"晓琳对自己的行为特别后悔，她也不知道自己为何会变成这样。

事实上，晓琳这是患上了"电脑狂暴症"。

什么是电脑狂暴症？所谓"电脑狂暴症"，病因一般来自电脑出现故障后产生的沮丧和焦躁，症状则主要表现为向电脑发泄无名怒火或将不满转嫁给同事甚至其他不相关的人。

国内某心理医疗机构曾对 1500 名白领进行调查，调查对象

201

的工作都以和电脑打交道为主。调查报告显示，"电脑狂暴症"在办公室中已相当普遍。因为有4/5的调查对象表示，他们在日常工作中都发现过同事有向电脑发泄暴力的倾向。另有一半以上的人承认，在电脑出现故障时，他们会感到紧张、焦虑，烦躁不已。调查还发现，年轻人更容易产生毁坏电脑的倾向。在25岁以下的调查对象中，1/4承认曾经对电脑"动粗"，约有1/6表示他们曾因电脑故障而想向同事或办公家具发火。"电脑狂暴症"患者在沮丧、焦躁情况下采取的举动不一样，有的会愤而拔掉电源插头，有的一怒之下甚至将键盘扔出窗外。

那么，为什么会出现这种情况呢？

现代都市人的生活压力大，工作节奏快，而电脑工作时发出的微波对人体也有一定影响，如果较长时间处于这一环境，就容易引起中枢神经失调。而长期只与电脑交流，思维定式错位容易造成心理失衡，丧失自信，从而加重内心的紧张、烦躁和焦虑，最终导致身心疲惫不堪。换言之，人失去了对电脑的主宰能力反而被电脑所控制，这是导致"电脑狂暴症"所表现出来的焦虑和沮丧的深层心理病因。由调查结果来看，"电脑狂暴症"对于都市人家庭和工作所造成的不良影响，已经到了不容忽视的程度。

要防止和减轻"电脑狂暴症"，都市上班族首先就要做好自我心理调整，纠正思维定式的错位，并在此基础上协调好人际关系，积极营造一个和谐、宽松的工作环境。

其次，应加强自我保健意识，采取必要的预防措施。譬如，在工作间隙注意适当的休息，平日里加强体育锻炼，多吃富含维生素和蛋白质的食物，等等。

最后，定期进行身体检查和自我心理测定。一旦发现生理、心理上的非正常状态，可在一段时间内适当调整工作，使症状得到缓解。

情绪"中暑"的开车族

《楚天都市报》曾报道了这样一则新闻：

2014年3月的一天晚6时30分许，荆州市110接到报警：我在汉宜高速潜江段后湖收费站附近遭到一辆大货车上的人开枪射击，后挡风玻璃被击碎。

有枪？警情重大，荆州警方立即调动巡警、特警，并通报省高速公路警察总队荆州大队。高警荆州大队立即指令巡逻车搜索，大队长蔡琴山等人率备勤民警赶往增援。

民警与报警司机保持通话，接警约10分钟后，第一辆巡逻车追上报警的山东籍货车。继续追赶，很快在汉宜高速丫角收费站附近发现了嫌疑车，这是一辆悬挂四川号牌的半挂大货车，正在疾驰。

巡逻警车关闭警灯暗中尾随，立即向各方通报警情。晚6时

45 分，在丫角出口，两辆涉事货车先后被警方截停，大批警力随后赶到，控制了车内人员。

民警将两车带离高速公路进行调查发现，山东籍货车驾驶室的后窗玻璃被击破，玻璃四周的金属板上还有多处圆形凹痕，驾驶室内有多颗钢珠。

警方仔细搜查四川籍大货车，没有发现钢珠枪，但找到了一把弹弓和一些钢珠，经测量，钢珠的直径为 0.95 厘米。

山东籍半挂车上有司机刘某和乘车人潘某两人，四川籍货车上也是两人——司机焦某和乘车人李某。警方对 4 人分别进行盘问，很快查明事情经过：

原来，当天下午 5 时许，两车行驶至汉宜高速荆州段，当四川货车准备从快车道超过山东货车时，由于前方慢车道有一处施工围挡，山东货车紧急向左打方向，却没有提前打左转向灯。

四川货车司机焦某不得不紧急刹车避让，心中升起一股怒火，加速追上了山东货车，超车后报复性地向右甩了一"盘子"。山东货车司机刘某紧急避让，左后视镜还是被刮掉。眼看对方并无歉意而是扬长而去，刘某加速欲反超，不料，对方左右摇摆，始终挡在车前。

刘某被激怒了，找准一个机会，他从右侧应急车道强行超车。两车再次并行，刘某示意对方停车，赔偿自己的后视镜，焦某毫不理会。

刘某急踩油门超车，故意挡住四川货车。随后，两车高速行驶中逼抢追逐，两货车上的驾驶人、乘车人都争红了眼。由于被山东货车长时间压制，四川货车上的副驾驶李某掏出随车携带的弹弓、钢珠，在接近前车时，上身探出窗外，连续发射 20 多颗钢珠，打破了山东货车的后挡风玻璃。山东货车司机刘某误以为遭到钢珠枪枪击。

也许有人要说，这两个开车的司机素质太差，但事实上这是一种心理障碍，即"路怒症"，坊间则称其为"带着愤怒去开车"，包括粗鄙的手势、言语侮辱、故意用不安全或威胁安全的方式驾驶车辆，或实施威胁，等等。这种怒火会突然暴发，开始骂人、动粗，猛烈程度往往让人意外，甚至毁损他人财物。许多"路怒症"还伴有其他情绪失常，比如情绪低落、工作积极性不高，甚至患上食欲不振、失眠等。在医学上被归类为"阵发性暴怒障碍"。

可以理解的是，驾驶是一项重复、枯燥且风险高的事情，尤其是长时间驾驶更是会令司机的情绪一直处于紧张、压抑状态，所以一旦遇到应激情况，情绪难免暴发。然而即便如此，也需要且应该做到"感觉怨怒而不动怒"，因为这是对于生命的爱护，这要求开车族必须做到不带愤怒上路。

其实，影响开车人心情的多半不是因为车或路本身，而是心态。车主要以平和心态上路，不要将不开心的情绪带到开车中。开车最重要的学会自我心理调节。在狭窄的路口，大家不如都谦让些许，互相理解就能减少很多麻烦；遇到堵车或不文明的车主，要学会克制情绪，等待几秒，对方的车就会过去，糟糕的路况也会过去，愤怒情绪也就消散了。当长时间的驾驶令你感到心烦意乱时，不妨听听舒缓的音乐，嚼一粒口香糖，或是将车开到加油站休息一下，这些都能舒缓你的情绪。

总而言之，开车族必须要懂得自控，心情激动时切不要开车。如果连续两周有严重的情绪失控、失眠、食欲不振等症状，应引起足够重视，及时到医院治疗。

说一不二的一家之主

徐先生是当地非常出名的企业家，属于比较典型的"强人"。他在事业上非常要强，在家里也是一样，觉得谁都应该听他的，不容家人有丝毫违逆。这导致他与儿子关系并不是很好，徐先生认为儿子不听话，而儿子则认为父亲太霸道，常将一些想法强加给自己。徐先生的做派甚至连妻子都看不惯，而且他对妻子也是一样，他要求妻子在家照顾孩子，给她足够多的钱，但不允许她干涉他的事。这让他的妻子感觉很累，感觉与徐先生这样的人在一起，一点生活情趣都没有。一家人很苦恼。

像徐先生这样的人不在少数，他们在外所表现出来的"强"与成功，很多人都看得到。比如说，在单位上是领导，地位高、有威严；在经济上是富户，买车买房买商铺。但别人看不到的是，他们其实一直在压制自身那些"弱"的东西，根本不让这些"弱"的东西表现出来。

其实，像徐先生这一类人最容易崩溃。为什么呢？因为"好强"的个性使他们的"弱"得不到表达，可是如果一个人不懂得适当示弱，那么他的弹性、宽容度显然就不够了。这就好比你把一个弹簧不断地拉紧再拉紧，不给它放松的机会，那么到了最后这个弹簧就会失去弹性一样，当他们的"强"到了极限时，就很容易走向崩溃。

另一方面，可以说徐先生这样的人完全没有搞清楚自己的角色。在事业上表现出自己强的一面，这无可厚非，因为那里存在着一种竞争、弱肉强食的关系；然而回到家中，仍然摆出一副高高在上的样子，这就是把工作角色和家庭角色混淆了，这种行为明显已经"越界"了。

只有张没有弛，这显然不是人生之道。这世上绝大多数人都不是圣人或伟人，如果一个平凡人非要拿圣人、伟人的标准来要求自己，非要在处处都表现出一副圣人、伟人的样子，那么肯定是要压抑很多东西的，这些东西得不到合理的宣泄，终究是心理健康的隐患。

"强人们"不懂得示弱、不知道放松，久而久之，极易产生两种极端情况：

一是家里家外都发脾气，这种人心理成熟度不高，情绪易波动，缺乏足够的理智；

二是在外人面前彬彬有礼、举止得体，甚至风度翩翩，一回到家中就完全变了一个人，脾气暴躁、随意发火，而如果家庭成员也不自觉地用负面情绪回应他，那么这个家就会变成硝烟弥漫的战场。

所以说，对待情绪这个东西，不能老压着，老压着易崩溃；老发泄，也不对。应该是该压着的时候就压着点，该发泄的时候就发泄点儿，两者都别走极端。

我们应该把工作和娱乐协调好，奋斗和休闲协调好，事业和情感协调好。要远离强人"强迫症"，过丰富而轻松的生活。像徐先生这类人，自我心理调整的最根本原则就是要把工作和生活区分开，别让家庭和事业混在一起。工作、事业上有了压力，感觉自己快要承受不住了，那么回家以后就适当倾诉一下，在家人的理解、支持与安慰下，压力肯定能够得到有效缓解。需要注意的是，这个时候要摆正自己的态度，我们是向家人求助，而非迁怒。一般而言，越是成功的人越放不下身段，家里家外都是如此，严格地说，这并不正常，这会严重影响家庭关系。

"强人"们若想处理好工作与生活、事业与情感的关系，就要学会示弱，在家里要懂得示弱，在工作中同样如此。理论上来说，每当你有一次过强的表现以后，都应该再找一次弱的表现机会。其意义在于，让别人知道我们并不是无所不能、无坚不摧，让别人意识到我们也是凡夫俗子，那么别人就会对我们更加宽容，也就会给我们留下更多的回旋余地和后退空间。

让自己平静平静

魏晋时有一个人，特别容易着急发怒，这人叫王蓝田。一次他吃煮鸡蛋，用筷子夹，夹不住，于是就大怒，拿起鸡蛋扔到地上。鸡蛋未破，在地上打转。王蓝田更生气了，干脆用穿的木屐去碾鸡蛋，鸡蛋又滚一边了。这位老兄简直要气死了，眼睛都瞪炸了，他一把捡起鸡蛋，放到嘴里狠狠咬破了，又吐出来。

这可能是个极端的事例，但我们在平日里不也经常为鸡毛蒜皮的小事而破坏了我们的平静心情和平静生活吗？因为外界的干扰而打乱我们的心境，会影响我们的身心快乐，也会打乱正常的生活节奏。

不要因外界的纷纷扰扰而自乱阵脚，乱了自己生活的步子，更不要心生烦躁、忧虑、焦灼，要保持你心情的宁静。而要保持平静心态，就要学会去注意我们的感觉，注意我们生命的质量，注意人生中最重要的事情，这就是快乐、健康、实现自己的美好理想。我们停止担忧那些不重要的事情，比如，衣服不太合身，交通又堵塞了，有人好像对自己不友好，这次提升又没有我，别人买了汽车而自己还没有，等等。我们还要学会不要昧于事理，让生活失去了平衡，就是说，不要让学习和工作上的压力影响我们的正常生活。

美国《读者文摘》有篇文章讲了这么几个事例：布鲁斯是一名医生，他的病人都是患了心脏病的孩子，其中有些急需移植心脏，却迟迟得不到合适的心脏。他的工作中也有不如意的事，比如病人死之。当他回到家里后，妻子会问问他工作上的事，他会说说。然后，夫妇俩就会去找自己的两个小儿子，抱着他们或给他们讲故事。安娜·威尔德是一个急难者辅导中心的义工，负责接听电话。打电话的人往往扬言要开枪或自杀，接着会突然挂断电话。辅导员如果是新手，在以后的几天里多半会拼命翻报纸，很担心看到那个来电话的人自杀的消息。但资深的辅导员一般不会这么做。威尔德如果某天工作不愉快，下班后便回家去精心做一顿晚餐。她说："我切肉，剁肉，晚餐色香味俱全，给我补充体力，让我第二天可以再好好工作。"文章说："有些人成天都在辅导强奸案受害者、在谋杀案现场调查或潜到水下搜集飞机残骸，却还有精力在星期天下午为高中足球队摇旗呐喊。如此困难的事，他们是怎样做到的呢？……如果问有何诀窍，他们说因为'明白事理'。"

这个"事理"我们应该这样理解——世间的事并非我们所能控制或是只要努力就能做好的，有许多事我们只能尽到本分，仅此而已。正所谓"谋事在人，成事在天"，明白了这一点，我们就不会因遭遇外界的压力和痛苦而使自己变得郁郁寡欢或烦躁不安。对人世间的痛苦我们都会产生同情，这是正常的合乎人性的反应。但我们也要与它保持适当的距离，只有这样，才是处理痛苦的妙方，也是让自己能继续把工作做好的唯一方法。

其实，只要你觉得自己是一个值得一活的人，人生的危机就不会妨碍你去过充实的生活。如此，就会有一种安全感取代焦虑不安，而你也就可以快快乐乐地活下去，把不安之感减低到最低限度。有了这种"安全感"，也就自然会有心灵的平和宁静。

要保持宁静的心态，可以在遇到烦心的事时有意识地改变一下想法。比如，在乘公共汽车时碰到交通堵塞，一般人会焦躁不安，但你可以想："这正好使自己有机会看看街道，换换脑子。"如果朋友失约没来找你玩，你也不必心生烦闷，你可以想："不来也没关系，正好自己看看书。"这样转换想法，就可以使烦躁的心境变得平和起来。

诸葛亮有句名言："非淡泊无以明志，非宁静无以致远。"能在一切环境中保持宁静心态的人，定然是具有高度修养的，他也就是一个快乐的人，也是能成就大事业的人。他能冷静地应对世事的千变万化，永远不迷失自己的目标。我们要努力培养自己的抗干扰能力。"任凭风浪起，稳坐钓鱼台。"这个"台"，就是宁静的心灵。

负面情绪要克制，但不要一味压抑

一天深夜，一个陌生女人打电话来说："我恨透了我的丈夫。"

"你打错电话了。"对方告诉她。

她好像没有听见，滔滔不绝地说下去："我一天到晚照顾小孩，他还以为我在享福。有时候我想独自出去散散心，他都不让；自己却天天晚上出去，说是有应酬，谁会相信！"

"对不起。"对方打断她的话，"我不认识你。"

"你当然不认识我。"她说，"我也不认识你，现在我说了出来，舒服多了，谢谢你。"她挂断了电话。

生活中，大概谁都会产生这样或那样的不良情绪。每一个人都难免受到各种不良情绪的刺激和伤害。但是，善于控制和调节情绪的人，能够在不良情绪产生时及时消释它、克服它，从而最大限度地减轻不良情绪的影响。

不良情绪产生了该怎么办呢？一些人认为，最好的办法就是克制自己的感情，不让不良情绪流露出来，做到"喜怒不形于色"。

但人毕竟不同于机器，强行压抑自己的情绪，硬要做到"喜怒不形于色"，把自己弄得表情呆板，情绪漠然，不是感情的成熟，而是情绪的退化，是一种病态的表现。

那些表面上看起来似乎控制住了自己情绪的人，实际上是将情绪转到了内心。任何不良情绪一经产生，就一定会寻找发泄的渠道。当它受到外部压制，不能自由地宣泄时，就会在体内郁闷，危害自己的心理和精神，造成的危害会更大，因此，偶尔发泄一下也未尝不可。

有些心理医生会帮助患者压抑情感，忽略情绪问题，借此暂时解除患者的心理压力。患者便对负面能量产生一定的控制力，所有的情绪问题似乎迎刃而解了。

压抑情绪或许可以暂时解决问题，但是等于逐渐关闭了心门，变得越来越不敏感。虽然你不会再受到负面能量的影响，却逐渐失去了真实的自我。你变得越来越理性，越来越不关心别人。或许你可以暂时压抑情绪，但在不知不觉中，压抑的情绪终将反过来影响你的生活。

面对情绪问题时，心理医生的建议是：如果有人伤害了你，你必须回忆整个过程，不断描述其中的细节，直到这件事不再影响你为止。这样的心理治疗方式只会让感情变得麻木。你似乎学会了压抑痛苦，但是伤口仍然存在，你仍会觉得隐隐作痛。

另外，有些心理医生则会分析患者的情绪问题，然后鼓励患者告诉自己，生气是不值得的，以此否定所有的负面情绪。这些做法都不十分明智。虽然通过自我对话来处理问题并没有什么不对，但人不该一味强化理性，压抑感情。因为长此下去，你会发现，你已背负了沉重的心理负担。

一个会处理情绪的人完全能够定期排除负面能量，而不是依靠压抑情感来解决情绪问题。敏感的心是实现梦想的重要动力，学会排除负面情绪，这些情绪就不会再困扰你，你也不必麻痹自己的情感。

如果你生性敏感，当你学会如何排除负面能量后，这些累积多时的负面情绪就会逐渐消失。此外，你还必须积极策划每一天，以积蓄力量，尽情追求梦想，这是你最好的选择。

所以，聪明的人在消解不良情绪时，通常采取三个步骤：第一，必须承认不良情绪的存在；第二，分析产生这一情绪的原因，弄清楚为什么会苦恼、忧愁或愤怒；第三，如果确实有可恼、可忧、可怒的理由，则寻求适当的方法和途径来解决它，而不是一味压抑自己的不良情绪。

10

我们囚禁了自己

危险指数：★★★★★

一个人承受不了那么多，在生命余下的日子里，有梦就去寻，有爱就去追，不要将自己封锁在心灵的窗棂内，最后让你与世界的距离彻底吞噬你的笑容。

人世间最孤独的人

迈克·杰克逊走了，众所周知，这位世界级偶像的人生并不快乐，他不止一次说过："我是人间最孤独的人。"

他说："我根本没有童年。没有圣诞节，没有生日。那不是一个正常的童年，没有童年应有的快乐！"

他幼年时，父亲将他和4个哥哥组成"杰克逊五兄弟"乐团。他的童年，"从早到晚不停地排练、排练，没完没了"；在人们尽情娱乐的周末，他四处奔波，直到星期一的凌晨四五点，才可以回家睡觉。

童年的杰克逊，努力想得到父亲的认可，他"10岁出唱片，但却仍得不到父亲的赞许，仍是时常遭到打骂。

心理学说，12岁前的孩子，价值观、判断能力尚未建立，或正在完善中，父母的话就是权威。当他们不能达到父母过高的期望而被否定、责怪时，他们即便再有委屈，但内心深处仍然坚信父母是正确的。杰克逊长大后的"强迫行为""自卑心理"等，可能和父亲的否定评价有关。

父亲还时常嘲笑他："天哪，这鼻子真大，这可不是从我这里遗传到的！"杰克逊说，这些评价让他非常难堪，"想把自己藏起来，恨不得死掉算了。可我还得继续上台，接受别人的打量。"

其后，迈克·杰克逊的"自我伤害"，多次忍受巨大痛苦整容，可能和童年的这段经历有关。

杰克逊在《童年》中唱道："人们认为我做着古怪的表演，只因我总显出孩子般的一面……我仅仅是在尝试弥补从未享受过的童年。"

杰克逊说："我从来没有真正幸福过，只有演出时，才有一种接近满足的感觉。"

曾任杰克逊舞蹈指导的文斯·帕特森说："他对人群有一种畏惧感。"

在家中，杰克逊时常向他崇拜的"戴安娜（人体模特）"倾诉自己的胆怯感，以及应付媒介时的慌恐与无奈。

他和猫王的女儿莉莎结婚，当时轰动了整个地球，但两人婚姻生活并不愉快，莉莎说："对很多事我都感到无能为力……感觉到我变成了一部机器。"1996 年他又与黛比结成连理，但幸福的日子持续也并不长，1999 年两人离婚；之后，他又与布兰妮交往甚密，但布兰妮却一直强调：我们只是好朋友。

杰克逊直言不讳地承认："没有人能够体会到我的内心世界。总有不少的女孩试图这样做，想把我从孤寂的房屋中拯救出来，或者同我一起品尝这份孤独。我却不愿意寄希望于任何人，因为我深信我是人世间最孤独的人。"

很明显，造成这位天王巨星不幸人生的因素有很多，正是这些因素导致他成了"人世间最孤独的人"，并且孤独地走完了一生。

在这个世界上，感到孤独的人很多，又或者说，每个人或多或少都有些孤独感，然而，千万不要让孤独成为一种常态，这不正常！

沉溺于孤独的人害怕与人交往，有时会莫名其妙地将自己封闭起来，逃避社会，畏惧生活，孤芳自赏，无病呻吟。他们没有朋友，更没有知心的朋友；他们喜欢自己更胜过喜欢别人，有些"自恋"的味道；他们骨子里是有些自卑的，总是担心自己不被别人接受，干脆拒绝和别人接触；他们多以家为世界，以电脑、电视为朋友，只有宅在家里才心安，离开了这个环境，就会感到不安全；他们根本不懂得也不知道如何填补自己的心灵空虚。

在现代社会，都市林立而起的高楼大厦逐渐使人际交流疏远，人与人之间的距离越来越大。在这样的环境中，每个人或多或少都有一些孤独性格、孤独情绪。同时，机械化的生活模式，也使得人们缺少足够的时间与精力培养人际情感，往往交际就只是为了应酬，喝酒就只是为了买醉，回到家中倒头就睡，以此来逃避惹人心烦的琐事。"孤独一族"的成员正在不断发展壮大……

这已然成为现代人需要正视的问题，虽然说短暂的或偶然的孤独不会造成心理行为紊乱，但长期或严重的孤独可引发某些情绪障碍，降低人的心理健康水平。孤独感还会增加与他人和社会的隔膜与疏离，而隔膜与疏离又会强化人的孤独感，久之势必导致个人性格失常。

那么，怎样去调节？

1. 学会爱并享受爱

马斯洛的理论告诉我们：没有"爱"，就没有"自我实现"。爱的滋润，是生命成长的核心。人只有被爱，被接纳，被归属，被承认，才能产生安全感，才能自信大胆地去探求外部世界，成熟到足以能融入成年人的社会生活中去。所以要开放自我，真诚、坦率地对待他人，主动接近别人，关心别人，以诚相待，扩大交往，孤独感自然消退。

2. 恢复理性

对于自卑造成的孤独，要理性地反省自己，认识到自己头脑中存在的非理性观念，有意识地加以改变。从小事做起，培养自信心，逐步地走向成功。同时也要明白别人并非都讨厌自己，要勇于敞开自己的心扉，用坦荡、真挚的情谊去和他人交往，当个体体验到交往的快乐时，一个新的自我就代替了孤独。

没有交流和沟通的心灵只能是一片死寂

　　王媛媛的丈夫两年前不幸去世，她悲痛欲绝，自那以后，她便陷入了一种孤独与痛苦之中。"我该做些什么呢？"在丈夫离开她一个月后的一天，她向医生求助，"我将住到何处？我还有幸福的日子吗？"

　　医生说："你的焦虑是因为自己身处不幸的遭遇之中，三十多岁便失去了自己生活的伴侣，自然令人悲痛异常。但时间一久，这些伤痛和忧虑便会慢慢减缓消失，你也会开始新的生活——走出痛苦的阴影，建立起自己新的幸福。"

　　"不！"她绝望地说道，"我不相信自己还会有什么幸福的日子。我已不再年轻，身边还有一个7岁的孩子。我还有什么地方可去呢？"她变得郁郁寡欢，脾气暴躁，打这以后，她的脸一直紧绷绷的。没有人能够真正走进她的内心、她的世界。

　　人在不开心时偶尔给自己一个独处的空间无可非议，但如果将这种行为长久延续下去，就是一种心理障碍了。事实上，现代都市人已经越来越习惯将自己封闭了。不知从何起，人们开始对外面发生的事情心怀恐惧，不愿意与别人沟通，不愿意了解外面的事情，将自己的心紧紧地封存起来，生怕受到一点伤害。

自闭性格的人经常会感到孤独。有些人在生活中犯过一些"小错误"，由于道德观念太强烈，导致自责自贬，看不起自己，甚至辱骂、讨厌、摒弃自己，总觉得别人在责怪自己，于是深居简出、与世隔绝；也有些人非常注重个人形象的好坏，总觉得自己长得丑，这种自我暗示，使得他们十分注意他人的评价及目光，最后干脆拒绝与人来往；有些人由于幼年时期受到过多的保护或管制，内心比较脆弱，自信心也很低，只要有人一说点什么，就乱对号入座，心里紧张起来。

一个封闭自己的人，他的心永远找不到属于自己的快乐和幸福，尽管那一切美好的东西尽在眼前，但是，如果不打开那道封闭的门走出去，那么将什么也得不到。人生是短暂的，我们需要三五知己，需要去尝试人生的悲欢离合，这样的人生才称得上完整。我们没必要在自我恐惧中挣扎，更没必要过于小心翼翼地活着，想去做什么就去做，想去说什么就去说，这样心情才会愉悦起来，生活才不至于因为自闭的单调而失去意义。

自闭性格是心灵的一把锁，是对自己融入群体的所有机会的封闭，自闭性格不仅会毁掉自己的一生，也会让周围的朋友、亲人一起忧伤。总而言之，自闭性格会葬送人们一生的幸福。所以，我们应该勇敢地从自闭的阴霾中走出来，去享受外面的新鲜空气，外面的明媚阳光，在这个生活节奏不断加快的当代社会中，我们一定要走出自闭性格的牢笼，走入群体的海洋。只有这样才能找到真正属于自己的那份自信、幸福和快乐。

自闭性格总是给我们的生活和人生带来无法摆脱的沉重的阴影，让我们关闭自己情感的大门。没有交流和沟通的心灵只能是一片死寂，所以一定要打开自己的心门，并且从现在开始。

其实，只要你愿意打开窗，就会看到外面的风景是多么绚烂；如果你愿意敞开心扉，就会看到身边的朋友和亲人是多么友善。人生是如此美好，怎能在自我封闭中自寻烦恼？我们活着，永远要追寻太阳升起时的第一缕阳光。当我们真正卸掉了自闭这道心灵的枷锁，当我们用愉悦的心情迎接美好的未来，你就会发现一个不一样的世界，一个处处充满友善和温暖的环境。

世界不会抛弃任何人

她把自己当成一个落翼天使，她的网名就叫"折翼青鸟"。她从小就住在大别墅里，很少像其他小朋友一样出去玩闹，每天的事情就是学弹琴，学芭蕾，学诗词，学习好多知识。可是她越学，越觉得孤单。每天与孤月相伴，只有星星听她的诉说。

她很小的时候，父母就离异了，她跟着妈妈，感觉像被爸爸抛弃了一样。10岁那年，母亲不幸因病去世，她觉得被整个世界抛弃了。她和姥姥一起生活，虽然姥姥对她非常好，可她还是总有一种寄人篱下的感觉，她觉得现在能保护自己的，只有自己了，她不敢过多接触外面的世界，她觉得那里有太多未知的危险。她觉得自己把自己保护得很好，可是，她觉得自己越来越孤独。

转眼间，她成了一个亭亭玉立的大姑娘了，有很多人喜欢她，可是她冷得像冰山一样，拒绝所有人的接近，她觉得他们一定会伤害自己。她从来不用别人的帮助，看似非常独立，可内心却异常脆弱。她经常一个人落寞地看夕阳、看月亮，美丽的眼睛，迷茫的眼神，她的心已经飘向了她所向往的另一个世界。

很多时候，很多人都会产生一种被抛弃的错觉，因而感到孤单，感到无奈，感到无助，感觉阳光骤然间失去了往昔的温暖，感觉阴云在不断蔓延，感到天地间一片昏暗……恍惚间，仿佛一切将离自己远去，于是独自蜷缩在黑暗的角落，品尝"寂寞梧桐深院锁清秋"的孤寂，任泪水在心中长流……然而，这一切或许只是因为我们太过悲观。

有时你觉得自己已然被生活、被这个世界抛弃，其实并没有，因为这个世界处处弥漫着温暖，这一切足以融化你冰封的心。

一个在孤儿院长大的男孩讲述着他的故事：

我自幼便失去了双亲。9岁时，我进了伦敦附近的一所孤儿院。这里与其说是孤儿院，不如说是监狱。白天，我们必须工作14个小时，有时在花园，有时在厨房，有时在田野。日复一日，生活上没有任何调剂，一年中仅有一个休息日，那就是圣诞节。在这一天，每个人还可以分到一个甜橘，以欢庆基督的降世。

　　这就是一切，没有香甜的食物，没有玩具，甚至连仅有的甜橘，也唯有一整年没犯错的孩子才能得到。

　　这圣诞节的甜橘就是我们整年的盼望。

　　又是一个圣诞节，但圣诞节对我而言，简直就是世界末日。当其他孩子列队从院长面前走过，并分得一个甜橘时，我必须站在房间的一角看着。这就是对我在那年夏天，要从孤儿院逃走的处罚。

　　礼物分完以后，孩子们可以到院中玩耍，但我必须回到房间，并且整天都得躺在床上。我心里是那么悲哀，我感到无比羞愧，我吞声饮泣，觉得活着毫无意义！

　　这时，我听到房间有脚步声，一只手拉开了我蜷缩其下的被子。我抬头一看，一个名叫维立的小男孩站在我的床前，他右手拿着一个甜橘，向我递来。我疑惑不解——哪多出的一个甜橘呢？看看维立，再看看甜橘，我真的被搞糊涂了，这其中必定暗藏玄机。

　　突然，我了解了，这甜橘已经去了皮，当我再近些看时，便全明白了，我的泪水盈眶而出。我伸手去接，发现自己必须好好地捏紧，否则这甜橘就会一瓣瓣散落。

原来，有 10 个孩子在院中商量并最后决定——让我也能有一个甜橘过圣诞节。

就这样，他们每人剥下一瓣橘子，再小心组合成一个新的、好看的、圆圆的甜橘。这个甜橘是我一生中得到的最好的圣诞礼物，它让我领会到了真诚、可贵的友情。重点在于，那些同伴并不愿意让这个"坏孩子"受到惩罚。

有时候，你感觉全世界都抛弃了你，可它并没有，它不会抛弃任何人，只是你，不愿接受这个世界。

其实根本没人要害你

不久前，张海潮被调到集团下属外地企业去做业务经理，他认为这是明升暗降。"为什么要调离我？"他认为肯定有人从中搞鬼，"是上司忌妒我的才干，怕我有一天抢了他的位置。"张海潮为此愤愤不平，他觉得自己受到了排挤。上司总是说他搞不好同事关系，给他安排工作时异议又很多。"我为什么要理那些人呢？"张海潮觉得自己从来就没有做错过。

"这口气怎么咽得下去！"张海潮向老板投诉，表达自己的不满，诉说自己的委屈，"我要让他吃不了兜着走！"张海潮恨恨地想。女朋友劝他不要这样做，他不听，她说他心理不正常，张海潮一下子火了："我有什么问题，我看是你变心了！"这时他恍然想起，每次女朋友去单位，与那位上司之间都好像在眉来眼去。"对，他们一定是早商量好的，将我调走，这样他们就有更多的时间勾搭在一起了！我和他们没完！"事实上，每位与张海潮交往的女孩子都曾被他怀疑过，不是怀疑人家不忠，就是怀疑人家另有目的，所以即便张海潮长相不错，工作也不错，但直到30多岁，还没有一个女孩子能够与之达到谈婚论嫁的程度。

张海潮这种状态已经持续很久了，那还是他上高中的时候，虽然成绩很好，但人缘却非常差。为什么呢？因为他总是觉得自己胜人一筹，又觉得别人都在忌妒自己的才能。他觉得别人看自己的眼光都是异样的。同学们受不了他，疏远他，他更认定自己的猜想是正确的。他还爱顶撞老师，因为觉得老师有很多观点都是错误的，反而却来批评自己，他甚至认为老师都在忌妒自己。

这么多年，张海潮也没有一个真正长久的朋友，别人在与其短暂接触以后，都唯恐避之不及，张海潮也从不主动去与别人交往，他更乐于独处，那样似乎更安全。他怀疑一切，认为一切都隐藏着阴谋或者灰色地带。现在，他更是认为自己被人玩弄了，他恨这一切，同时他又认为，这是天妒英才。

猜疑是毫无根据地对一些自己并未完全了解的事情进行各种

设想、猜测、主观加工，并对自己的"内心假定"信以为真。为什么会有猜疑心理呢？可以说，这也是人的一种本能。人类为了生存要抵制来自各方面的威胁，猜疑是人类为保护自己而做出的本能防御，从这个层面上讲，每个人都有可能在某些时候产生猜疑心理，如果程度较轻，现实感和自我功能都很好，就不会对生活造成很大的影响……然而，猜疑过度就是不自信、自卑的表现了，是防御心理的过度。这样的猜疑往往是对自己不利的、消极的。

张海潮的猜疑心理显然已经影响到了生活。他敏感多疑，对任何人都有很重的猜疑心，经常感到自己受到了别人的忌妒、陷害与攻击。从张海潮与前任、现任女友的关系中也不难发现，他这个人虽然在一些方面也不失为强者，但总会无端自卑。

一个人过分多疑，是非常不利于人际交往的，因为多疑，就会听不进别人的任何意见，就会使别人感到自己难以接近。因为多疑，即使自己的意见是正确的，也会使别人在情感上难以接受，就有可能产生反面效果。所以务必要改掉这个毛病，要谦和、平心静气地表达自己的观点，要积极地去倾听、思考别人的意见，这对自己总是有帮助的。不要总认为自己比别人都强，一山还有一山高这是事实。不要整天疑神疑鬼，不要觉得别人都是阴谋家，怎么可能所有人都针对你？如果你能用豁达、宽容的态度对待别人，相信别人也会这样对待你。

其实，这个世界更多的还是好人，很多人都是可以信赖的，不应该对所有人心存怀疑，否则就会失去所有人的信任，就会毁掉自己的生活。

你一直很好，是你自己没有意识到

不开心的时候偶尔给自己一个独处的时间是正确的，但是不要将这种行为长久地延续下去。我们应该敞开胸怀接受这个世界的精彩，接受身边人的爱与关怀。当你用一颗充满期待的心去面对自己生活的时候，生活也一样会用更多的惊喜来回报你。不要再担心，不要再恐惧，要相信自己的实力，也要相信别人的善良。

一个小女孩儿，从小家里就很穷，所以一直因为自卑封闭着自己的心，觉得自己事事不如别人，她不敢跟别人说话，不敢正视对方的眼睛，生怕被别人嘲笑自己的丑陋。直到有一年春节，妈妈给了她 5 块钱，允许她到街上去买一样自己喜欢的东西。她走出了家门，来到了街市上。看着街市上那些穿着入时的姑娘，她心里真的很羡慕。忽然她看到了一个英俊潇洒的小伙子，不由得心动了，可是转念一想，自己是如此平凡，他怎能看上自己呢？于是她一路沿着街边走，生怕别人会看到她。

这时候，她不由自主地走到了一个卖饰品的店面前，老板很热情地招待了她，并拿出各种各样的饰品供她挑选。这时候，这位老板拿出了一朵金边蓝底的头花戴在了女孩儿的头上，并把镜子递给她说："看看吧，戴上它你现在美极了，你应该是天底下最配得上这朵花的人。"小女孩儿站在镜子前，看着镜子前那美丽的自己，真的有说不出的高兴，她把手里的 5 块钱塞进了老板的手里，高高兴兴地走出商店。

女孩儿这个时候心里非常高兴，她想向所有人展示自己头上那朵美丽的头花，果然，这时候很多人的目光都集中在了她的身上，还纷纷议论："哪里来的女孩儿这么漂亮？"刚刚让她心动的男孩儿，也走上前对她说："能和你做个朋友吗？"这时候的女孩儿异常兴奋，她轻轻捋顺了一下自己的头发，却发现那朵蓝色的头花并不在自己的头上，原来她在奔跑中把它搞丢了。

生活当中有很多事都是这样的，我们盲目地封闭自己，认为自己一无是处，认为自己很多事情都拿不出手，但是，如果有一天你真的打开了封闭已久的那扇心门，遵从自己的心，听取自己心灵的声音，你就会发现原来自己还有那么多连自己都没有意识到的优秀特质。它一直都在我们身上，只不过我们因为封闭自己太久而没有将它很好地利用，而现在我们终于可以靠着这些优点快快乐乐地去生活了。

开放自己的心灵吧，请接受你自己，有时不妨将成功归因于自己，把失败归结于外部因素，不在乎他人说三道四，要乐于接受自己。

要提高对社会交往与放开自我的认识。交往能使人的思维能力与生活功能逐步地提高并得到完善；交往能使人们的思想观念保持新陈代谢；交往能丰富人的情感，维护人的心理健康。一个人的发展高度，决定于自我开放、自我表现的程度。克服孤独感，就要把自己想要交往的对象放开，既要了解他人，又要让他人了解自己，在社会交往中确认自己的价值，实现人生的目标，成为生活中真正的强者。

用内心迎接这个世界，否则生活会坍塌

如果不想深陷孤独，那么就要走出自己狭小的空间，学着主动敞开心扉，多与人交流、沟通，多找一些事情来做，让自己有所寄托，这样做会使孤独离你而去，心灵也就更加丰盈、更加悠然。

索菲的丈夫因脑瘤去世后，她变得郁郁寡欢，脾气暴躁，之后的几年，她的脸一直紧绷绷的。

一天，索菲在小镇拥挤的路上开车，忽然发现一幢房子周围竖起一道新的栅栏。那房子已有一百多年的历史，颜色变白，有很大的门廊，过去一直隐藏在路后面。如今马路扩展，街口竖起了红绿灯，小镇已颇有些城市的味道，只是这座漂亮房子前的大院已被蚕食得所剩无几了。

水泥地总是打扫得干干净净，草地上面绽开着鲜艳的花朵。一个系着围裙、身材瘦小的女人，经常会在那里侍弄鲜花，修剪草坪。

索菲每次经过那房子，总要看看竖立起来的栅栏。一位年老的木匠还搭建了一个玫瑰花阁架和一个凉亭，并漆成雪白色，与房子很相称。

一天她在路边停下车，长久地凝视着栅栏。木匠高超的手艺令她惊叹不已。她实在不忍离去，索性熄了火，走上前去，抚摸栅栏。它们还散发着油漆味。里面的那个女人正试图开动一台割草机。

"喂！"索菲一边喊，一边挥着手。

"嘿，亲爱的。"里面那个女人站起身，在围裙上擦了擦手。

"我在看你的栅栏。真是太美了。"

那位陌生的女人微笑道："来门廊上坐一会儿吧，我告诉你栅栏的故事。"

她们走上后门台阶，当栅栏门打开的那一刻，索菲欣喜万分，她终于来到这美丽房子的门廊，喝着冰茶，周围是不同寻常又赏心悦目的栅栏。"这栅栏其实不是为我设的。"那妇人直率地说道，"我独自一人生活，可有许多人来这里，他们喜欢看到真正漂亮的东西，有些人见到这栅栏后便向我挥手，几个像你这样的人甚至走进来，坐在门廊上跟我聊天。"

"可面前这条路加宽后，这儿发生了那么多变化，你难道不介意？"

"变化是生活中的一部分，也是铸造个性的因素，亲爱的。当你不喜欢的事情发生后，你面临两个选择：要么痛苦愤怒，要么振奋前进。"当索菲起身离开时，那个女人说："任何时候都欢迎你来做客，请别把栅栏门关上，这样看上去很友善。"

索菲把门半掩住，然后启动车子。内心深处有种新的感受，但是没法用语言表达，只是感到，在她那颗愤怒之心的四周，一道坚硬的围墙轰然倒塌，取而代之的是整洁雪白的栅栏。她也打算把自家的栅栏门开着，对任何准备走近她的人表示出友善和欢迎。

没有人会为你设限，人生真正的劲敌，其实是你自己。别人不会对你封锁沟通的桥梁，可是，如果你自我封闭，又如何能得到别人的友爱和关怀。走出自己的狭小的空间，敞开你的心门，用真心去面对身边的每一个人，收获友情的同时，你眼中的世界会更加美好。

所以说，一个孤独的人，若想克服孤寂，就必须远离自怜的阴影，勇敢走入充满光亮的人群里。我们要去认识人，去结交新的朋友。无论到什么地方，都要兴高采烈，把自己的欢乐尽量与别人分享。

11

焦虑、忧郁、偏执，我的世界就要崩塌

危险指数：★★★★★

焦虑、忧郁、偏执越来越多负面情绪在心中不断累积，影响生活、影响工作、影响人际交往影响人生的方方面面，令我们陷入诸事不顺的恶性循环中。我们的精神世界就要崩塌！

我为房愁

吕伟从农村来到城市，在哈尔滨工作已经 6 个年头了，去年刚刚租房结婚。每每与朋友谈起买房的事情，他都非常沮丧："哥们儿工作时间不长，没有什么积蓄，爹妈也帮不上啥忙。现在哈尔滨随便一问，哪个房子不在 8000 元左右？我实在是心有余而力不足啊。"吕伟说："我的工资还不算太低，但如果要买房，我不喝酒、不抽烟、不娱乐，一个月工资还不够买 1 平方米的房子，即便是银行按揭也难以偿还。"在自己打拼的城市中拥有一个属于自己的家，是吕伟一直以来的期望，然而楼市的现实却让他为了买房经常失眠，经常心烦意乱，连以前最喜欢的NBA 也懒得去看了。

吕伟为买不起房而发愁，陈诚却为买不到房而焦虑。

在房产中介内，陈诚正在捶胸顿足："又错过了！又错过了！"他情绪激动，就像自己犯了什么不可饶恕的错误一样。原来，陈诚看中的那套位于市中心的二手房，房价已经涨到了9000 元 / 平方米，而在年初的时候，他与房主谈好的价格是7500 元，后来觉得房价可能会跌主动撤单了，真是连肠子都悔青了！

这边陈诚为买不着房子而着急，这边晓冬却为还贷而焦虑。

晓冬去年买了一套两居室，5000 元／平方米，共花了40 余万，因为手头钱不够，她选择了银行按揭，现在每个月要还 3000 元。房价不断上涨，银行一次又一次加息让她焦虑不安："万一以后房价跌下来或者我被公司辞退的话，那我就惨了！"晓冬说，为了还房贷她和老公勒紧了腰带生活，直到现在还不敢生孩子。她觉得买房以后自己就像变了一个人似的，经常失眠，头疼，做什么都提不起兴致。

在国人的观念里，"衣食住行"是人生的头等大事，近年来，随着房价的上涨，随着婚姻与房子的挂钩，房子问题俨然已经成为工薪阶层最为关心的事情。房价涨跌，让购房者焦虑不已，情绪百变：有人为错过一套好房子捶胸顿足，有人为抄到笋盘喜不自禁；有人为买不起房长吁短叹，有人又在买房后因房贷愁眉苦脸；有人在买房后因房价上涨喜上眉梢，有人又因房价下跌后悔不已……楼市的每一点变化，都牵动着千千万万人的心理变化，久而久之便成了"心病"，令人焦虑不安。

然而，房子再令人挠头，生活还得继续，假如因为房子问题把自己的生活搞得一团糟，甚至连人性都扭曲了，岂不是本末倒置？无论如何，如今的时代，毕竟还没有到不买房就没法活的地步，这个时候，或许更需要人们的理性判断和抉择。

针对现代人的"购房焦虑症"，最好的调节方法就是"看脚下，少望天"，踏踏实实地把当下的事情做好，对于不能预测的未来，最好就放下不想。这并不是逃避现实，而是不给自己寻找多余的烦恼和压力。比如，没买房的努力工作、存存钱，一步一步来，别去和周围的人攀比；买了房的也别因为房价的涨跌而忽喜忽悲，毕竟对于大多数人来说，房子就是用来居住的；需要还贷的，按照原计划，一个月一个月慢慢还，总而言之，别因为房子问题而打乱了生活。

求求你，赐给我一个爱人吧

在某国企工作的何蕊人长得漂亮，工资也高，却一直都没有交到合意的男朋友。一谈到感情问题她就愁眉不展，她说："前不久刚刚过完30岁的生日，猛然发现自己真是'剩女'了，看看我身边的朋友和同事，20岁的小妹妹都开始谈婚论嫁了，而我还是孤家寡人。"

何蕊日常工作繁忙，按理说应该是非常期盼周末到来的，可是她的周末却是灰色的。"一到周末，我却只能蒙头大睡，或是在家里看书听歌。因为我是外地人，在北京这边没有亲人，同事、朋友一到周末都成双结对地出去玩了，就我孤零零的一个人，一想到这儿，我连跳楼的心都有了。"

"去年国庆节，我没敢回家？因为一回家，父母亲戚肯定又要为我张罗相亲。起初，我的积极性也挺高。看着身边的女友都找到了爱人，说实话我也有点着急。为了赶上相亲时间，我总是提前打理公司业务，甚至提前回老家。但是，每次相亲回来，我都只是一种如释重负的感觉。我不喜欢这样的方式——两个陌生人一见面就做买卖似的从父母、房子、车子、票子开始谈婚论嫁。后来，我再也没有兴趣相亲了，干脆以公司业务忙为由搪塞过去。这让爸妈更加着急，打电话、发短信，真的令我挺心烦的，所以去年国庆节索性不回家了。不过说实话，这个长假过得非常凄凉。后来我实在熬不住了，打电话给朋友，哭着说：'出来陪我喝酒吧！'"

"我真的不想再一个人吃饭，一个人逛街，一个人看电影，一个人旅游，一个人发呆，真想找个好男人谈恋爱啊！"何蕊心酸地表示。

为感情问题而发愁的岂止是女性，大龄男性也不例外。

洪涛与初恋女友分手以后便开始埋头打拼，待到事业小有所成以后才发现，自己的年龄已然不小了。经人介绍，他曾相过几次亲，但结果总是不能令人满意——喜欢他的他不喜欢，他喜欢的人家又不来电。现在在洪涛心里，找个好女人结婚的愿望越来越迫切，然而心急又有什么用？夜深人静之时，想起与前女友当初的片段，感慨周围男女成双结对的情形，洪涛总是十分痛苦，辗转难眠。时间长了，就表现出神经衰弱，没有食欲、头痛、精神恍惚等症状，导致无法进行正常工作。

近年来，社会上出现了越来越多的有着高学历、高收入、高职务但在感情上找不到理想归宿的大龄青年，即"剩男剩女"。随着"90后"逐渐进入适婚年龄，"80后"的"剩男剩女"成了一个社会问题，这种现象使越来越多的人对结婚产生一种焦虑症，那些本应是快乐团圆的节日也逐渐成了这些单身者的一种负担，据《2013中国人婚恋状况调查报告》显示，有八成25～40岁的单身男女"不快乐"。

单身者们虽然自诩为"贵族"，其实大多数人心中都承受着较大的压力，这些压力可能来自父母，也可能来自身边的同事、朋友，亦有一部分是来自他们自己。从心理上说，相比夫妻或者恋人，单身男女在情感倾诉与释放压力上更加困难，而且也会随着单身时间的延长而受到越来越大的婚姻压力，因此，"剩男剩女"比较容易产生孤单、寂寞、冷淡、焦虑、压抑等负面情绪。长期独居的生活，还会让他们的社交能力逐渐退化，性情变得孤僻，更重要的是，缺少伴侣的生活，会让人的幸福感打折，这是事业的成功，朋友的关怀所无法替代的。从生理上说，单身过久的男女也容易受到疾病侵袭。

其实，单身男女们最该做好的就是心理调节，以一个正确的态度去看待自己的情感问题。认识到自身存在的问题，问一问自己究竟要什么。再者，可怜天下父母心，父母着急催促也实属自然，此时需要单身男女通过成熟而有效的沟通，或让亲友了解自己正在努力追求幸福，或让他们了解自己的恋爱观，接受自己的现状，理性地面对问题。其实正确的态度是广泛参加社交活动，请求父母亲朋的帮助和支持。

事实上，只要你还笃信爱情，只要你不太苛求挑拣，摆正心态，正确面对生活，与你匹配的他（她）出现是迟早的事。说不定下一秒，你就在街头拐角处与他（她）相遇。找另一半是为自己找的，不是为父母亲朋，不是为了活给别人看。调整心态，终有一天，他（她）会向你走来。

工作，工作，你到底在哪里

小杜因为没有考上理想的大学，高中毕业以后只身来到北京打拼，在中关村做起了电脑销售员。暑假期间，大批应届毕业生进入电脑城，他们的工资要求比小杜还低，而且业务水平也不弱，欠缺的只是一点经验而已。老板便找了个理由，让小杜"卷了铺盖"。随后的两个月，小杜一直为找工作而奔波，然而，不是用人单位嫌弃他的学历，就是小杜觉得待遇太差，两个月下来，小杜依然没有找到一份理想的工作。就这样，他除了找工作整天无所事事，再后来，小杜干脆窝在了网吧里，情绪越来越糟糕，经常对身边的朋友使脸色、发脾气。

无独有偶，北京姑娘晓燕也出现了类似情况。职高毕业以后，在两年间，她换了 12 份工作，最长的也不过干了三个月，最短的还不到一周，目前仍处于求职状态。如果有人问她原因，她就会掰着手指数落以往老板的"罪状"：工作累，要出差，工资给得太低了，公司食堂饭菜差，同事不好相处……用晓燕朋友的话来说，她找份工作简直比找对象都挑剔。

小杜和晓燕姑娘身上出现的情况，其实就是人们常说的"就业焦虑症"。据教育部发布的消息称，我国每年大约都会有近百万的应届毕业生无法在当年找到工作，这既与大环境有关，也存在当事者本身的原因。

在很多毕业生看来，书中自有千钟粟，十几年寒窗苦读，换来的就应该是每月万八千的薪水待遇。很多人找不到工作或是连续跳槽，就是因为嫌弃薪水太低，用他们的话来说，"我堂堂的一个大学生（硕士、博士），怎么能这么低就？蹴而与之岂不羞？"而在用人单位看来，这些人没有丰富的业界经验，还需要公司手把手培养，培养起来说不准又要跳槽，所以在没有做出业绩之前，根本无法给高薪。于是在"各不相让"的情况下，这些人索性就将"寻找高薪进行到底"，结果直到现在还赋闲在家。烦躁、郁闷、不甘每天骚扰着他们，让他们越发地不自信起来，以至于开始担心：自己是不是就永远找不到一份工作了？

还有一部分人就如上文中的晓燕姑娘一样，是大都市的本地人，本身学历不高，但对工作的期望值却很高，对工作有明确的要求：诸如月薪多少多少以上、坐办公室、不上夜班、最好不要加班、不可以出差，等等，不符合条件的不去，宁愿在家闲着。

事实上，这种心理其实也是就业焦虑症的一种，从内心来说他们害怕竞争，也害怕找个不如别人的工作比较丢脸，在家待着最起码表明是自己看不上那些工作，而不是找不着"好工作"。

其实，大环境如此，适度的担心也无可厚非，有所追求也不算错，但起码应该对现状有个正确的认知，把握一个尺度。客观地说，现代人的就业压力的确要比父辈们大很多，竞争更是非常激烈，这就更要求人们调整好自己的心态了，别为工作而过分焦虑，要紧的是把当下的事情做好。

现在的社会与以往不同，绝大多数工作都不是铁饭碗，这就意味着，工作之后，有了合适的机会随时可以换，何必非要一步到位呢？谁也不知道以后会怎样，或者你能在半年后找到薪水高、待遇好的工作，但在这之前的时间里，就算每个月挣得少一些，也比坐吃山空好。这样，一方面有了经验，一方面又可以让自己的生活充实一些，避免焦虑情绪的出现，何乐而不为？

我的世界剑拔弩张

牧野在大学毕业以后的一年间，已经换了 5 份工作了！

他头脑聪明，思维敏捷，办事能力强，好胜心也很强，接受了任务以后就会马不停蹄地去完成。

但他个性突出：在讨论工作时固执己见，又总是喜欢炫耀自己，同时却贬低别人；他说话尖酸刻薄，爱挖苦人，对所有人都持轻蔑态度。平心而论，他在业务上还是很成功的，但大家都不喜欢他。他每到一个单位，用不了多久就会与同事关系紧张起来，而他，还总认为是领导偏向别人，压制甚至排挤自己，最后大吵一通，拂袖而去。

在职场上我们常看到类似的人。他们对同事和主管的话很敏感，尤其是批评，总是会拿自己对号入座；他们做事情很怕被同事和主管看轻，谨慎过分，不爱求助别人因为怕暴露自己的缺点；如果某次绩效考评综合评分不高，这个时候他们不是选择与上司坦诚沟通，而是跑去一个人喝闷酒甚至上网骂上司；他们之中有些人遇事情不敢据理力争，太"老实"，又有些人没理也要争三分，太"执拗"；他们非常在意别人如何评价自己，达到了偏执。比如，某次开会自己说错了话，其实事后很多人都忘记了，他们却还在想别人现在肯定在笑自己；比如某一次部门加薪没有自己，心里就会七上八下，一直在猜想："是不是我做得不好？公司是不是准备把我开掉？"，又或者"上司是不是对我有意见，是不是再给我穿小鞋？"而事实上，这只是公司调薪还没轮到他而已，根本就不是觉得他不行。

这种人一般都有两分法的世界观，就是非对即错。所以逻辑是他们的强项，圆润是他们的弱项。所以，他们往往能够处理好工作任务，却处理不好人际关系。

像牧野这样的人应该注意：

要认识到自己存在的心理缺陷，学会客观分析事物，纠正非理性观念，树立对别人的信任感，从"敌对心理"的陷阱中挣脱出来。同时要进行行为调整，鼓励自己积极主动交友，注意"心理相容"，宽容朋友的缺点和不足之处。对自己的缺点也要充分认识并努力改正。

事实上，要赢得别人的尊重和信任，首先要尊重别人和信任别人。

要学会谦恭。虚心是医治偏执的良药，只有虚怀若谷，才能博采众长，才能自信而不自负，坚韧而不偏执，也只有这样的人才会受人欢迎。做事时，要谨遵对事不对人、"严于律己，宽以待人"的原则，灵活通达，才更容易获得别人的好感。

在看待问题时应学会冷静思考，一切从客观事实出发，克服思维的片面性，多征求别人的意见，待人接物随和一些，不要总是独标高格、特立独行，尽量少将自己的想法强加于人。

其实像牧野这样的人，如果心理能够得到及时调整，就能够改变剑拔弩张的人际关系，工作也会变得更有成效。

创伤后的心理变异

姚微在北京经营一家建材商店，生意一直不错，小有财富，然而她的情绪一直处于不稳定状态，一个人的时候常会哭泣。

她觉得身边没有人理解自己，没有自我价值感，生活毫无意义可言。近一段时间，她感觉自己已经无法控制情绪了，每次情绪发作时，自己就好像变成了另外一个人，满脑子都是丈夫如何亏待她、骗她，甚至认为他们母子俩在对付自己，要害自己。情绪来时如洪水猛兽，去得也快，事后又非常后悔，不知自己为何会变成这般模样。平均每周三到四次，这令姚微痛苦不堪。

姚微出生在一个物质富足的家庭中，父亲算得上是当地的成功人士，但性格暴躁，唯我独尊，对姚微的管教非常严厉，经常斥责，亦有打骂。母亲的脾气也不好，父母经常吵架。姚微从小就很怕他们，唯恐父母不顺心就拿自己出气。到了青春期以后，父母不允许她单独出去玩，不管是男同学还是女同学。放学以后必须准时回家，不然父母是要发火的。这使得姚微从小就很乖顺，不谙世事，爱幻想。

刚刚工作那会儿，姚微结交了第一个男朋友，虽然父母表示明确反对，但姚微终于做了一回自己的主，她在父母的责骂声中离开了家，开始与男友同居。最开始的两个月，两人关系还算融洽，之后，两人开始争吵，男友骂她、羞辱她，甚至还动手打她。她要离开他，他跪下来求她，情真意切，痛哭流涕。她心软了，想到平时他对自己真的很体贴，这个时候她脑子里又都是他的好。这是她的初恋，她真的很珍惜这段感情，然而他总是时好时坏，好的时候是真好，处处体贴她、关心她，坏的时候是真坏，简直不可理喻、不近人情。就这样，他们在一起相互折磨了6年，她再也无法忍受，最终提出分手，他当然不愿意，但她决心已定。

她逃离了那座城市，孤身来到北京，2年前，她结识了现在的丈夫，他们沟通得非常好，她觉得这个人很可靠，性情温和，随着接触的增多，两个人确立了恋爱关系。第二年，他们组建了家庭。

家庭生活中的琐事影响到了她的情绪，也勾起了她的回忆。她来到北京，原想与过去做个了断，摆脱心中的阴霾，然而这阴霾却越来越重，越想忘记，越挥之不去。她为此常在梦醒时分轻轻抽泣，莫名其妙地对丈夫发火。丈夫不理解她为什么会这样，问她时，她又不愿意去讲，怕丈夫知道她的过去。有时丈夫保持沉默，她就更火大，更伤心。她会不知不觉地拿前任与现任做比较，总觉得现在的丈夫没有前任对她那样体贴、细心，她知道不应该这样，但就是无法控制自己。

婆婆现在独自居住，母子两人都相互关心，儿子考虑母亲一个人可能会孤独，经常打电话问候，时常陪她聊天。就因为这一点，她非常烦恼、生气，她觉得婆婆抢走了丈夫对她的爱，她不愿意与人分享。逐渐地，她的郁闷发展成了猜疑，她觉得两个人如此频繁地通电话是在合谋要害她，她开始怀疑丈夫当初和自己结婚是有所图，确切地说是为了她的钱。冷静下来，她也知道自己的想法不可理喻，但她无法自控。

从姚微的感情生活来看，她的遭遇是不幸的。过严的家庭教育、缺乏温情的成长环境，造就了她单纯无知的心，也在某种程度上注定了她的经历。透过人格特征，基本可以判断她的前男友具有偏执型人格障碍。可是她并不了解，她忍受了 6 年不堪回首的生活。在这 6 年中，她始终在被要求按他的意愿做事、按他的思想生活，她几乎丧失了自我。她虽然觉醒了，断然离去，然而，她单纯如白纸的心已经被偏执的前男友所涂画，她的人格被"同化"了。由于被"同化"，她变得敏感、多疑、自我为中心。不去理解别人，依赖性强，希望被关注。

姚微所表现出来的，是典型的"创伤后遗症"，带有很强的偏执色彩，既跟别人较劲，也跟自己较劲。以往的事情，在她内心里留下了严重的创伤，大多时候，她的内心在本能地压抑对这件事情的担心、恐惧和愤怒，而结婚后的家庭生活，激起了那次创伤的回忆，以至于无法自控。

客观地说，有过异常痛苦的经历，产生一点偏激的想法也属正常，说说狠话、怪怪别人发泄一下也就算了，千万不要让这些痛苦停留在自己的潜意识中，使之成为挥之不去的阴影。别让自己的身心一触碰到爱情就亮起红灯。在这个世界上，最可怕的心理就是"不信任"，一个人，如果不信任这个世界，就等于已经把自己隔离在这个世界之外，偏执、孤独、焦虑、痛苦随之而来。

对于姚微而言，她现在最需要的是内省，正视自己的心理障碍，好好想想在现在这段感情里，自己的问题，自己的偏执，主动接受治疗并做好自我调节，让自己从阴霾中走出来，成为心灵上的强者。

越是成功越痛苦

周发群所在的公司，在食品业颇有名气，能得到这个位置，是因为周发群那个"海归派"的身份。周发群学历颇高，虽然离开北京已有数年，但生活了几十年的熟悉环境和人脉关系，还是让他在很短的时间内成功地坐上了这个令人羡慕的位置。在旁人眼中，周发群是个能干、智慧、风度翩翩、学识渊博的标准高级白领，他的脸上始终保持着一份优雅的微笑，说起话来睿智而不失幽默，商场上的尔虞我诈从来都未让他有半点的失态，他的优雅和从容似乎是与生俱来的。但是，在优雅从容背后的压抑、彷

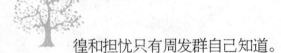

徨和担忧只有周发群自己知道。

这几年来，周发群已经习惯了被人赞扬，听顺了赞美的话，让他不知不觉中戴上了厚厚的面具，他把自己的弱点深深地藏在了面具里面，努力把最光鲜的一面呈现在外人面前，他变得没有个性，没有自我，只剩下一个大家都认同的躯壳。他觉得累，却不能露出疲倦，没完没了的工作压得他喘不过气来，无论身体情况如何，他都必须将工作完成得尽善尽美，因为这样才是别人心目中认可的他。他觉得很烦躁，却依然要保持优雅；他感到紧张，却只能表现从容。虽然他有骄人的业绩，又有让人艳羡的学历，更有让人既妒忌又羡慕的才能，但竞争的激烈，新人辈出，让这个优秀的男人同样感到了危机，他感到紧张、焦虑，他的从容保持得有多累、多苦只有他自己知道。无奈，为了不让自己完全崩溃，他只能把郁闷和一切不如意向家人发泄。父母看着一向优秀、知书达理的儿子突然变得粗暴、不可理喻，他们很难接受，常常会不自觉地叹息摇头。

每当这个时候，周发群都会尽量避开，因为他不忍心看到父母的这种表情，他内疚，但又不能表露，因为他害怕父母的询问，他无法说清如此变化的原因。他也想找朋友去喝杯酒、聊聊天，或者一起去打球，将心中的郁闷发泄出来，但一天十几个小时的工作，根本就没有给他留下空间，他现在迫切地想放松、想逃开，但现实让他连逃脱的勇气都没有。他很清楚自己可能患上了心理疾病，但他无能为力。他只知道，他在等待，等待自己最终溃败的那一天。

近来，他的睡眠质量日益变差，注意力也无法集中，整天感到头晕、疲乏，精力大不如前，服用药物也无法减轻痛苦，最后不得不回家休息。他怀疑自己患了不治之症，想通过自杀来解脱，幸亏被家人及时发现，才避免了悲剧的发生。

事业有成原本是件令人羡慕的好事，然而在现代都市中，却有越来越多的成功人士被成功所累，患上了抑郁症，痛苦得无法自拔，甚至错误地认为，只有离开这个世界才能得到解脱。

现代社会的竞争压力确实很大，白领人士在这样的环境中工作节奏过快，对自身的期望值又很高，往往搞得自己像机器人一样忙碌不已，如果心理素质差一点又得不到疏解，难免会罹患心理疾病。所以提醒职场人士，要学会忙里偷闲，当感到压力太大时，不妨暂时丢掉一切工作和困扰，彻底放松身心，让精力得到恢复。此外，应注意保持正常的感情生活。事实表明，家人之间、恋人之间、朋友之间的相互关心和爱护，对于人的心理健康十分重要。遇到冲突、挫折和过度的精神压力时，要善于自我疏解，如参加文体、社交、旅游活动等，借此消除负面情绪，保持心理平衡。

躺在玫瑰花中死去

　　A女士是个典型的江南美女，聪明、能干、事业心强，将自己的工作室经营得有声有色，与家人的关系也很融洽。可工作室做大以后，应酬多了起来，需要经常出去喝酒，有时在酒桌还会遭遇性骚扰，这让A女士非常难过，回家向老公发泄，反而引起了老公的误会，骂她自己不检点，才会引来麻烦。

　　在工作与家庭都不顺心的情况下，A女士逐渐感到对生活力不从心，慢慢地脑袋也不好使了，做事也不灵光了，生意因此一落千丈。有时因为工作的原因批评了下属，回到家中却要自责很久，认为自己乱摆架子。渐渐地，老公及孩子都开始疏远她，认为她有病。

　　后来，A开始失眠，每天睡觉的时间越来越少，后来发展到服用安眠药也彻夜不眠的程度。在连续两周彻夜不眠后，身体终于崩溃，不得不放弃事业，开始在家休养。

　　休养之初，自以为只要好好休息，恢复睡眠即可。岂知病情越来越恶化，每天完全睡不着。每次都是在困倦昏沉到即将入睡之际，会突然心悸，然后惊醒。当时，她给一个朋友发短信描述说："感觉有一个士兵把守在睡眠的城门口，当睡意来临，就用长矛捅向心脏，把睡意惊走。"

在失眠的同时，身体症状开始出现。头痛、头晕、注意力无法集中，没有食欲，思维迟缓，做任何事情都犹豫不决。明显觉得自己变傻了。

再后来，她开始出现轻生的念头，并设计了多套死亡方案，譬如躺在玫瑰花中死去……

我们来给 A 女士支支着，她这种情况最好的疗法就是药物加认知治疗，药物可以稳定她的情绪，认知疗法可以帮助她正确地看待生活及工作中的人和事。当然，如果她的家人能够给予她更多的理解和支持，在她困惑时多多开导，效果会更好。

关于药物治疗，我们还是交给医生来做。在这里，主要讲一下冥想认知疗法。所谓冥想认知疗法，就是改变人的精神状态，以此消除抑郁的一种方式。在冥想的过程中，人的反省能力会有所增强，对事物的看法会随着冥想的深入逐渐清醒或有积极的作用。

找个静谧的所在，播放一段优雅、舒缓的轻音乐，静坐，在头脑中想象一个轻松愉快的场景。一边听着自己的呼吸，一边冥想着潮起潮落、白云悠悠：每一次呼吸，你的紧张都会随潮水退去，每一次呼吸，都是一次云卷云舒；想象海浪正随着你的呼吸韵律轻柔地拍打着海岸，你感到很轻松，仿佛白云也离自己越来越近……仿佛自己变成了一朵白云……慢慢飘起来……飘起来……你侧卧在洁白的云堆，做着一个美丽的梦，手很轻松，手飘起来了，脚很轻松，脚也飘起来了……

这种冥想可以使压抑和烦闷的情绪得到释放，有效地舒缓肌肉和神经紧张。在冥想时，要摒除杂念，使自己处于一种尽量放松的状态，它可以使抑郁造成的精力贫乏和索然无味的身心，在这段时间内重新恢复到正常状态，能够消除较轻程度的精神抑郁。

当然更重要的是，要找出自己的压力源头，学习如何处理压力、解决问题，才能避免压力如影随形，压得人喘不过气。现实生活中，抑郁症患者常因为情、财、事业等问题所困，导致自杀，但无论是何种原因导致抑郁自杀，归根结底，就是人们常常不懂得适时放下，也就是遇到困境无法转换光明、正向的念头。那么很显然，遇事多向好的一方面去考虑，人的抑郁、心结自然也就解开了。

说得更直观一些，积极冥想就是要人凡事都往好处想。有一点毫无疑问，谁都不希望自己的人生在痛苦中度过，但如果脑子中装满了对这个世界的愤愤不平、装满了面对人生的消极程序，试问何处又能盛装快乐呢？其实只要心态积极一点就会发现，每个人的生活都差不多，每个人都在为生计而奔波，每个人都要为一日三餐的质量而努力，当然，也都要遇到各种各样的难题。那么，人家看得开，我们为什么就看不开呢？事实上，也正是因为我们看不开，所以人家在困难之中往往能看到契机，而我们就只能看到危机。

12

我心寒凉

危险指数：★★★★★

　　一个人所处的最荒谬的——也是悲剧性的——处境就是：当他最需要良知的时候，良知却最软弱。它因为各种原因始终不肯出现。

毒药就在你心中

这世间的"恨"就如同一味迅猛的毒药，它扎根在你的心中，若想消除它，只能用爱去解毒。

薛敏出嫁了。出嫁之后，薛敏跟丈夫、婆婆同住一起。婚后不久，薛敏发现自己根本无法与婆婆和平相处。二人的性格有着天壤之别，婆婆的一些习惯是薛敏看不惯的，而婆婆也经常为这为那指责薛敏。

就这样过了一年，薛敏与婆婆之间从没停止过争吵，更糟的是，按照中国传统习俗，薛敏不得不向婆婆俯首称臣，为婆婆马首是瞻。天长日久，家中所有的愤怒和不快越积越多，薛敏可怜的丈夫夹在当中，也是痛苦不堪。

最后，薛敏实在忍不下去了，她决定"拯救"自己。

于是，薛敏找到一位卖中药的朋友赵医生，将自己的处境告诉了他，并问他是否可以给她一些毒药。这样她就能一了百了，把所有的问题都解决掉。

赵医生想了一会儿，说道："这个忙我可以帮，但是你必须要听我的话，按照我讲的去做。"

薛敏说："只要你能帮我，我就按你说的去做。"

赵医生给了薛敏一包草药，并嘱咐她："你不能用毒性猛的药除掉你婆婆，因为如此一来势必会引起别人的怀疑。我给你配了几种慢性药，毒性将会在你婆婆的体内慢慢培植。你最好每天给她做鸡鱼肉类，再放入少量的毒药在菜中。还有，为了让别人在她死的时候不至于怀疑到你，你必须对她恭恭敬敬，不要同她争吵。对她言听计从。"

谢过赵医生以后，薛敏怀着忐忑的心情回去实施谋杀婆婆的计划去了。

就这样过了几个星期、几个月，薛敏按照赵医生的吩咐，每天都精心烹制有毒药的菜肴给婆婆吃。为了避免引起怀疑，她无时无刻不在控制着自己的脾气，对待婆婆就像对待自己的亲生母亲一样。于是大半年的时间，她没跟婆婆吵过一次嘴。现在在薛敏眼中，婆婆比以前和善得多，也容易相处多了。

婆婆也是一样，她像爱自己的女儿一样爱薛敏，还不住地在亲朋好友面前夸奖薛敏，说她是打着灯笼都难找的好儿媳。

这天，薛敏又来找赵医生，她请求赵医生说："赵医生，请您想办法帮我消除那些药的毒性吧，我现在不想杀死我婆婆了！她已经变成一个好女人，我爱她就像爱自己的母亲一样。"

赵医生笑了笑："你尽管放心好了，其实我并没有给过你什么毒药，那只不过是一些滋补身体的草药，对老年人身体是有好处的。事实上，唯一的毒药在你的心里，在你对待她的态度。可喜可贺的是，你心中的毒药已经被爱冲刷得一干二净了。"

谁没有与人发生过矛盾？谁没有受过丝毫委屈？智者的聪明之处在于，他们绝不会将仇恨深刻于心，让它无时无刻地折磨自己。

一个有修养的人不同于常人之处，首先在于他的恩怨观是以恕人克己为前提的。一般人总是容易记仇而不善于怀恩，因此有"忘恩负义""恩将仇报""过河拆桥"等说法，古之君子却有"以德报怨""涌泉相报""一饭之恩终身不忘"的传统。为人不可斤斤计较，少想别人的不足、别人待我的不是；别人于我有恩应时刻记取于心。人人都这样想，社会就和谐了，世界就太平了。用现在的话讲，多看别人的长处，多记别人的好处，矛盾就化解了。

"我"被"他"控制啦

陈静是个爱斤斤计较的人，容不得别人丝毫冒犯，即便是在市场买菜，她也会因为一角钱与小贩争执起来，互不相让。她的家庭、朋友关系都非常不好，整天缠绕在你吃亏、我占便宜这些毫无意义的琐事上，你争我嚷没完没了，陈静似乎永远都在争长短，又永远都争不出长短。

钟立强天性敏感，时时徘徊在敏感的旋涡中。今天领导的一个神色不对，明天人家的一句失语，都会使他不停地探究下去，纠缠在心灵之网中，仿佛受到了极大的伤害，总之，无论发生了何事，都会在他心里无限扩大，从而引起心灵的强烈震动，并以各种发泄渠道表现出来。

这就是"小我"在作祟。小我是怎么回事？

打个比方说，有些人不愿意帮助他人，不愿与他人分享资讯，甚至去陷害别人，这就是受到了"小我"的控制。因为"小我"是不允许别人比"我"成功的。

对"小我"来说，"我"的利益应该是最大的，而分享是个陌生词，除非隐藏着其他动机。所以它对别人成功的反应，就好像是别人从"我"这里拿走了什么。

在"小我"看来，"我"永远是比别人好的。"小我"渴望的就是这种优越感，而经由它，"小我"强大了自己。打个比方，假如你正打算将某一重要消息告诉某人，"我有件大事要告诉你，很重要的，你还不知道吧？"这个时候在"小我"眼中，"我"已经和他人之间产生了施与受的不平衡：那短短的一瞬间，你知道的比别人多——那个满足感就来自于"小我"，即便对方各个方面都比你强，你在那一刻也有更多的优越感。生活中，很多人对小道消息特别上心，就是因为这个缘故。非但如此，他们通常还会在表达时加上恶意的批评和判断，这也是受到了"小我"的指挥，因为每当你对别人有负面评价的时候，优越感油然而生。

无论"小我"显现出来的行为是什么，背后潜藏的驱动力始终都是：渴望出类拔萃、显得与众不同、享有掌控；渴望权力、受人关注、索求更多。

我们每个人的内心深处都有一个紧缩着的"小我"，无论有任何异动，"小我"都能首先做出反应，并以自我保护为出发点产生阻抗心理，心理反应严重的还会将其泛化，表现为性情孤僻、自我贬值，有的则喜怒无常，行为夸张。

贪婪、自私、剥削、残酷和暴力……"小我"的能量令人恐惧。

当然，"小我"也不能说是坏人，它的初衷就是为了完完全全地保护"我"，它很希望事情如你所愿的发生，所以会希望你能听听它的，即便那是坏的、有害的，但"小我"意识不到这一点。

"小我"是一种客观的存在，人类根本不可能完全脱离它，但却可以控制它，让"小我"与"真我"达到和谐。事实上，很多人都可以不接受"小我"的控制，比如在某些领域有特殊成就的人，他们可能是教师、医生、艺术家、科学家、美容师、志愿者、社会工作者，等等，他们在工作时，基本可以从"小我"中解脱出来，这个时候，他们所追寻的不是自我，而是顺应当时之所需，他们专注的是当下、是工作，是要服务的人，这些人对其他人的影响，远超过他们提供的功能所带来的影响。

这样看来，其实那个紧缩的"小我"不过是人们心灵深处的无常而短暂的感觉罢了，并不是一个真实的、坚固的实体，如果我们明白了"小我"竟然是这么的"空无"，就会停止认同它、护卫它、担忧它。如此一来，我们就摆脱了长久以来的痛苦和不快乐。

我们爱自己，才能原谅和接受自己的不完美，爱他人才会从对方的角度考虑事情，多一分谅解和宽容。爱这个世界，才能在内心深处充满感恩和赞美，使生命更加走向完满。

你的世界好冷，好冷

"人情冷漠"这个词由来已久，否则我们不会看到"各人自扫门前雪，莫管他人瓦上霜""事不关己，高高挂起""多一事不如少一事"等一系列词汇的传播。只是近年来，这种思想在逐渐被扩大化，尤其是"小悦悦事件"，更是让国人的冷漠在世界范围内声名远播。从茹毛饮血的猿人在洞穴里互相依偎抵御严寒，到如今的老人摔倒无人扶、货车侧翻遭哄抢、城市邻里的老死不相往来，似乎每个人都成了孤家寡人，人情的淡漠让人感到可怕、感到孤独。

有位朋友，因为感觉单位的人文氛围不好，同事间缺少关心与合作，弥漫着虚伪与冷漠，屡屡想要辞职，但都被保守的父母压了下来。

那天，这位朋友出差，他的两个妹妹被邀到宿舍楼来看家。夜里11点多，两个女孩被一阵剧烈的打门声惊醒。姐姐惊骇地披衣下床，大声问："谁？"

没有人回答，打门声却未停。巨大的声响在寂静的冬夜里显得粗暴又放肆。

妹妹也下了床，在姐姐身后惊慌地张望。姐姐壮胆又喊了一句："不说话我要叫人了。"

打门声骤然停顿一下，接着便更加疯狂地响了起来。极度的恐惧让她们不敢通过猫眼去看看是什么"东西"在作怪。房内还没装电话，与外界联系的唯一方法只能靠她们的声音了。两姐妹冲到阳台上，用发抖的声音大喊："来人呀，有贼撬门，救命呀……"

传达室里出来几个人。然而，他们只是朝五楼的她们看了一眼，便回传达室继续玩牌去了。她们清楚地看到哥哥的同事中仍有未熄灯者，但她们的呼救声就像军营熄灯号一样，令周围顿时陷入一片漆黑。罪恶的打门声掺和着两个女孩的绝望求救声，整整持续了半个钟头。没有听到任何回应，夜显得如此狰狞。

当一切都沉寂下来，两姐妹颤抖着抱成一团，彼此只听到对方"突突"的心跳。她们穿戴整齐地坐在床上，床头放着两把从厨房里找到的、发着寒光的菜刀。

第二天，这位朋友匆匆飞了回来，愤怒的他终于查出事情的真相：住在楼下的一个同事喝醉了酒，认错了房间，以为妻子不给他开门……一个月后，他辞了这份收入颇丰的"铁饭碗"，理由只有一个：他不能让自己处在一个漠视生命的群体中。

这回，保守的父母没有再拦他……

当下，我们的社会一直在提倡"和谐"？可是，怎么和谐？和谐靠什么？答案很简单，要靠"人和"。也就是说，在社会中生活的每一个人，都要与人为善，以善良的一面去对待别人，才能提升整体的社会氛围，从而达到"老吾老以及人之老，幼吾幼以及人之幼"的社会境界。换言之，如果有人倒地而没有人去搀扶，那么这个社会不会真正和谐；如果公交车上为争一个座位而大打出手，那么这个社会远没有达到和谐；如果所有人的心里就只有自己，各自打扫门前雪，不管他人瓦上霜，那么人与人之间想"和谐"都难。

客观地说，就当前的人文关怀状态而言，我们去做好人、做善事，确实有些顾虑。毕竟，谁也不希望在救死扶伤之后，还要被当成肇事者，掏尽半生的积蓄；毕竟，谁也不希望在见义勇为以后，还要自己花钱给犯罪嫌疑人看病。这善事未免做得太窝囊，也太让人心寒。于是，出于自我保护的本能，我们变得漠然了，甚至是冷酷了，这不仅仅是我们，更是社会的一种悲哀。

这或许不是我们的错，但确实是我们让自己变得越发冷漠，我们让自己的人性中少了一些很重要的东西——关爱与信任。诚然，我们即使不做善事，但只要不为恶，也没有人会拿我们怎样，也没有人会认为我们就是坏人。但是，我们会不会觉得，自己的心中有一丝难过？尤其是当我们看到病痛中的老人蜷伏在地、看到可怜的孩子疼痛哭泣时，我们是不是真的可以无动于衷？相信，多数人的心都会隐隐作痛，因为我们的本性就是善良的！只不过，有些时候，我们被某些人为及非人为的因素所限制，变得有些懦弱，而要改变这种状态，需要的是整个社会的努力。

是的，这需要我们每一个人都去改变，将懦弱改为侠肝义胆，将冷漠改为古道热肠，如果社会中的每一个人都能如此，我们在做善事时就不会再有所顾虑。反之，倘若就这样冷漠下去，那么人与人之间最珍贵的情义将不复存在，整个社会将会陷入沦落。毋庸置疑，我们都不想在这样的社会氛围中生活。

进一步说，推己及人，倘若我们希望别人对自己好一点，对我们的老人、孩子好一点，那么我们是不是应该率先做出个样子？事实上，我们一念之间种下一粒善因，便很有可能会收获意想不到的善果。咱们做人，真的没有必要太过计较，与人为善，又何尝不是与己为善？当我们为人点亮一盏灯时，是不是同时也照亮了自己？当我们送人玫瑰之时，手上是不是还缠绕着那缕芬芳？

其实，我们怎样对待别人，别人就会怎样对待我们；我们怎样对待生活，生活也会以同样的态度来反馈我们。譬如，当我们在为别人解答难题时，是不是也让自己对这个问题有了更进一步的理解；当我们主动清理"城市牛皮癣"时，不仅整洁了市容，是不是也明亮了自己的视野？……诸如此类，不胜枚举。

所以，在平常的日子里，我们不要吝啬自己的善行。给马路乞讨者一块蛋糕；为迷路者指点迷津；用心倾听失落者的诉说……这些看似平常的举动，都可以渗透出朴素的爱，折射出人类灵魂深处的光芒，不但照亮了别人，也照亮了我们自己。

自私的惩罚

在《幸福人生》讲座中听到这样一件事：

有一个正读小学的女生，每次数学考试成绩都高居榜首，因为她的爷爷是数学教授，所以她的数学成绩特别好。有一天，学校进行数学考试，这个女生没来，所有同学都很好奇，于是就向老师打听原因，老师说女生的爷爷去世了。结果，有个孩子竟然欢呼，说"终于死了"。

小孩子的内心应该是什么状态？很显然，应该是天真、善良的。上面的这个故事是不是杜撰而来，无从考证，但它却把人性中的自私展露得淋漓尽致。同时，它也给我们敲响了警钟：自私已经成为一种社会病，人应该从小就培养豁达的胸襟，如果说事事只为自己着想，那么内心将糟糕得一塌糊涂。

有这样一个故事：

詹姆斯是位美国商人，他在纽约拥有一幢舒适的公寓，但每当夏季来临，他都要离开灰蒙蒙的都市前往乡下。他还有一套乡间小别墅，别墅里还放着一个装有猎枪、鱼竿、酒等物品的大壁橱。这壁橱他自己用，连他妻子都没有钥匙。詹姆斯珍爱自己的东西，别人碰一下他都会发火。

现在已经是秋天了，詹姆斯几分钟以后就要起程回到纽约。他看了看摆放红酒的壁橱，神情严肃。所有的酒都没有启封，只有一瓶除外。这瓶酒被放在最前面，里面的酒已不足半瓶，旁边还有一个红酒酒杯，看起来非常诱人。他刚拿起酒瓶，就听到妻子海伦在另一个房间说道："我都收拾好了，亚历克什么时候才能回来？"亚历克住在附近，兼做他们的管家。

"他在湖里拖小船呢，半小时以后就能回来！"

海伦提着手提箱走了进来，看到丈夫把两片药扔进半空的酒瓶中，药片很快便溶解了。

"你在干什么？"她问。

"咱们走后，去年冬天破门而入、偷去我红酒的人可能还会故技重施，可他这次会后悔的。"

海伦心惊胆战地问："你放的是什么药？会使人生病吗？"

"岂止是生病，还会要人的命呢！"他心满意足地答道，顺手将酒瓶放回原处，"嗯，小偷先生，你想喝多少就喝多少吧。"

海伦的脸一下子白了，她嚷着："詹姆斯，别这样，太可怕啦，这是谋杀呀！"

"如果我开枪打死一个私创民宅的小偷，法律会不会判我谋杀？"

她哀求道："别这样，法律不会判入户盗窃者死刑的，你没有权力这样做！"

"当涉及我的私有财产时，我会运用我的私人法律。"他现在看起来就像一条害怕别人夺走他的骨头的大狼狗。

"他们不过是偷了点儿酒而已，可能是些小男孩干的，也没搞什么破坏。"她又说。

"那又有什么关系？一个人偷了 5 美元与 100 美元毫无区别，贼就是贼。"

她做最后的努力："咱们得明年夏天才能来，我会一直担惊受怕的，万一……"

他哈哈大笑："我以往担着风险做生意，不是也赚了吗？咱们再冒一次险又能怎样？"

她明白再争下去也是徒劳，他在生意上也一直这样冷酷无情。于是，她借口向邻居告别，把这事告诉给了管家的妻子。

詹姆斯正要锁壁橱，忽然想起晾在花园的猎靴忘了装进行李。他伸手够靴子时，脚下一滑，头重重撞在了桌角上，随即昏倒在地。

几分钟后，他感觉有双有力的臂膀在抱着他，他听出是亚历克的声音："没事啦，先生，你伤得不重，喝点这个会使你感觉好些。"一杯红酒送到了他嘴边，他迷迷糊糊地喝了下去……

这个故事很明显，是在告诉人们：超越正常的自私心理是非常有害的，这个世界需要的不是自私与伤害，而是和睦相处、是相互关爱，对人对己，这都是有利的。

自私，这是一种近似本能的欲望，是人性中的一种缺憾。客观地说，没有人不自私，生活在当前的商品经济社会，每个人都会有不同程度的私心杂念，这是人之常情。但是，就现在的情况来看，很多人的自私心理已经超过了人的一点私心杂念，就像案例中的詹姆斯一样，损人利己，极端自私，刻薄成性，自我为中心，目中无人，容不得他人，即便自己心知肚明，也会觉得心安理得，且常常会找种种借口加以掩盖，隐藏自己内心深处的自私本性。这种自私，就是一种病态的心理了。

与人分享，便有双倍的幸福

有一个字谜很有意思："一人本姓王，怀里揣着两块糖。"谜底是"金"。是啊，一个人，无论身处怎样的境遇，只要他怀里揣着两块糖，一块慷慨地赠予别人分享，一块留下自己慢慢品尝，就自会获得人生的快乐和金子般的幸福。在生活中，我们只要与别人分享幸福，分享快乐，分享亲情，分享成功，分享信息，分享甘苦……就会在分享中获得人生的真谛。

在一个小镇，有一个人名叫科里亚，他在他家的院子里种满了菊花。一次偶然的机会，一个过路人带来了一种非常特殊的种子，并告诉科里亚说，这个品种的菊花开花之后会异常艳丽，异常透明馨香，你买下，种出来的菊花一定能卖个好价钱。

时间过得很快，科里亚一直细心地守护着他的院子，期待开花的时候到来。有邻居过来问道："科里亚，你那高级的种子能不能给大家都分一点啊？"而科里亚的回答总是："不！"

终于开花了，可是令人讶异的是，科里亚家院子里的高级菊花并没有卖种子的人描述得那么好，甚至，开出来的菊花都比不上邻居们院子里的菊花。结果，邻居们的菊花都卖得很好。科里亚非常愤怒，心想，肯定是那个卖种子的人欺骗了自己。

第二年，当那个卖种子的人又来到科里亚的门前，科里亚说的第一句话就是："你是个骗子！"卖种子的人问道："你是怎么种植的？"于是科里亚就把他如何精心呵护那菊花的经过讲了一遍。当讲到邻居们来要种子，而自己不肯给的时候，卖种子的人打断了他："呵呵，先生，不是我骗你啊！在这里，只有你一人种这种菊花，别家的院子都是普通的菊花，那么风一吹，普通的菊花花粉就会飘到你的院子里来，你的花也就被杂交了，不可能像我说的那样开得那么好。事实上，只有大家都种这种特殊的菊花，那么，当花粉传播时，才能开出美丽的花朵来。"

倘若你有一个苹果，我也有一个苹果，而我们彼此交换苹果，那么，你和我仍然是各有一个苹果。但是，倘若你有一种思想，我也有一种思想，而我们彼此交换这些思想，那么，我们每人将各有两种思想。分享的幸福正在于，它可以使我们拥有更多的东西，而把自己的东西拿来与别人分享的那一刻，不但能体会到分享的乐趣，更能体验到一种满足感。因为分享幸福，你会得到双倍甚至更多的幸福，所以我们也在享受幸福。让我们静静坐下来，让幸福在我们身上停留。

关心爱护周围的人，多为别人着想的人，心中的幸福感觉最多，因为看到别人的幸福微笑，我们心中自然也会感到幸福快乐。

幸福是人人可以达到的，无论年龄、性别、职位；幸福是心灵内在的感触；幸福的人生是人与环境的和谐；幸福是人文与物质的平衡；能与人分享幸福是双倍的幸福；幸福感不仅来自获得，更来自于给予；有爱的人生才是幸福的人生；执着、勇敢、热忱、信念是通向幸福彼岸的诺亚方舟；幸福来自于对愿景的追求。

爱如冬日暖阳

我们的不安全感既然是来自于我们的内心，也就是心灵中分裂的自我在做祟，没有谁能够带给我们真正的安全感，我们如果抱着这种心理去生活，那么伤害将永无止息。其实我们每个人都有自愈的能力，探索心灵深处的自我，倾听内心深处的声音，让那些被压抑着的情绪自然地流淌出来，不管是愤怒、忧伤，还是痛苦、恐惧，当你学会慢慢接受它们，使之成为你自身的一部分，某些改变就会跟着发生，此时你自身就是你极大的安全感，自身就会带给你极大的爱的自足。只有我们有足够的能力去爱自己、爱别人，我们才真正地成长与成熟起来。

一个小男孩和小朋友们一起在草地上玩耍。突然，旁边的一个小伙伴跑过来推了他一下，他顺势倒地，膝盖上擦破了一大块，那个小伙伴却蹦蹦跳跳地拉了其他的小伙伴跑远了。他哭着走回了家，从此，心里便结了一层冰，他拒绝那个小伙伴和他一起玩。长大之后，谈了6年的女友突然提出和他分手，并投入别人的怀抱。

　　他伤心欲绝，心里的冰更厚了。工作越来越不顺手了，评优的时候，他落榜了。他怨天尤人。他的心被冰冻了，他觉得活在这个世界上已经毫无意义了。他决定悄悄地离开这个世界。在一个夜深人静的夜晚，他喝了一瓶安定，躺在床上安静地睡去，醒来时发现自己正睡在医院的病房里，一位护士告诉他，他有严重的胃溃疡，并说病区里有个可怜的年轻女病人，情绪悲观低落。如果他能写一些情书给她，或许可以使她振作起来。青年人开始给她写第一封信，接着，第二封……信中，他假称曾经匆匆见过她一面，从那时候起，他一直忘不了她。他提议，待到他俩都痊愈了，也许他们能结伴到公园去散步。

　　写信给他带来了欢乐——很久没有感受过的欢乐。他开始渐渐地康复。他写了许多信，不久，他能生气勃勃地在病房里踱步了。又过了段时间，医生通知他马上就可以出院了。

　　但他感到有点失望，因为他还未见过那位少女。给所倾慕的人写信，使他看到了活下去的希望，想到她，哪怕见一面也好！

　　他请求护士允许自己到那位少女的病房去探望她，护士同意了，并告诉他病房号。但是，当他找到这间病房时，却发现没有这样一位少女。

这时，他才了解到事情的真相：那位护士竭尽全力使他恢复了健康。当她看到他悲观失望，察觉到他对每个人的苛求、怨恨心理，她认识到这个青年人所需要的是"人生的希望"，希望能使他振奋，帮助他战胜自己。她深知，对于一位病友，对于一位同病相怜的少女的同情和关怀，能唤起青年人对生活的渴望。于是，她为他虚构了一位不幸的少女。正是这位虚构的少女，将他从精神沉沦中拯救出来。

从此，他的心里感觉到有一种暖暖的东西流遍全身。心里的冰开始融化。心情也慢慢地好起来了。在以后的日子里，因为他的笑脸和热心，他的周围朋友也多了起来，还找到了一个不错的女朋友，工作也渐渐有了起色。有一天，他突然发现阳光很明媚、女友很美、同事很友善、朋友很可靠……活着很愉快。

人的情绪不是由于某一件事情直接引起的，而是因为经受了这一事件的人对事件的不正确的认识和评价，形成了某种信念，在这种信念的支配下，导致了负面情绪的出现。与魔鬼搏斗的人，应当留心这个过程中自己不要变成魔鬼；当你长久注视情绪的深渊时，深渊也正在注视着你。有人说，对一点小事就做出强烈的反应是说明内心深处受到过极大的伤害；所言尤是。由于经历中的一些事件对自我造成过很大的伤害，使自我的一部分与周围割裂从而迷失或紧缩起来，这让人们的神经时时处处紧绷着，生活变成了一场承受与抗争。所以要脱离情绪的控制，就必须从以往的伤害中走出来。

在孩子心里种下爱的种子

一个女儿问爸爸："我们家有钱吗？"

爸爸说："我们家没有钱。"

她又问："我们家很穷吗？"

爸爸说："我们家不穷。"

6岁的女儿似懂非懂。

爸爸单位发起"冬季捐寒衣"活动。晚上，爸爸打理着一些家里一时穿不着的寒衣。女儿问："这些衣服给谁？"

爸爸说："送给穷人。"

她又问："为什么？"

爸爸说："他们没有寒衣，过不了冬。"

女儿点点头，一副很明白的样子。一会儿，她拿来一件小棉袄、一条围巾、一顶帽子，说要捐出去。爸爸正想鼓励她两句，不料她一把拉下爸爸的帽子说："爸爸，求您了，把这顶帽子也送给穷人吧！"

爸爸的心一震，为女儿那小小的心所感动。爸爸一直以为自己富有同情心，而在这之前，他却从未想过要将自己需要的东西送给别人。

第二天，爸爸送她至校门口，看着她捧着那个小包裹一蹦一跳地走进校门，爸爸的眼睛渐渐湿润。爸爸高兴的是，女儿将比自己更富有。

文中爸爸说女儿的"富有"是精神上的，这就是一种博爱的精神。

苏霍姆林斯基在他的实验学校大门的正面墙上，悬挂着这样一幅大标语："要爱你的妈妈！"当有人问苏霍姆林斯基为什么不写"爱祖国"、"爱人民"之类的标语时，他说："对于一个七岁的孩子，不能讲那么抽象的概念。而且，如果一个孩子连他的妈妈也不爱，他还会爱别人、爱家乡、爱祖国吗？""爱自己的妈妈"这容易懂、容易做，而且为日后进行的爱祖国教育打下了基础。他还说："必须使儿童经常努力给母亲、父亲、祖父、祖母等带来欢乐，否则，儿童就会长成一个铁石心肠的人，在他的心里，既没有做儿子的孝心，也没有做父亲的慈爱，更没有为人民做事的伟大理想。如果一个人在亿万个同胞里连一个最亲的人都没有，他是不可能爱人民的。如果一个人的心里没有对最亲爱的人忠诚，他是不可能忠于崇高的理想的。"